Nuestra casa está ardiendo

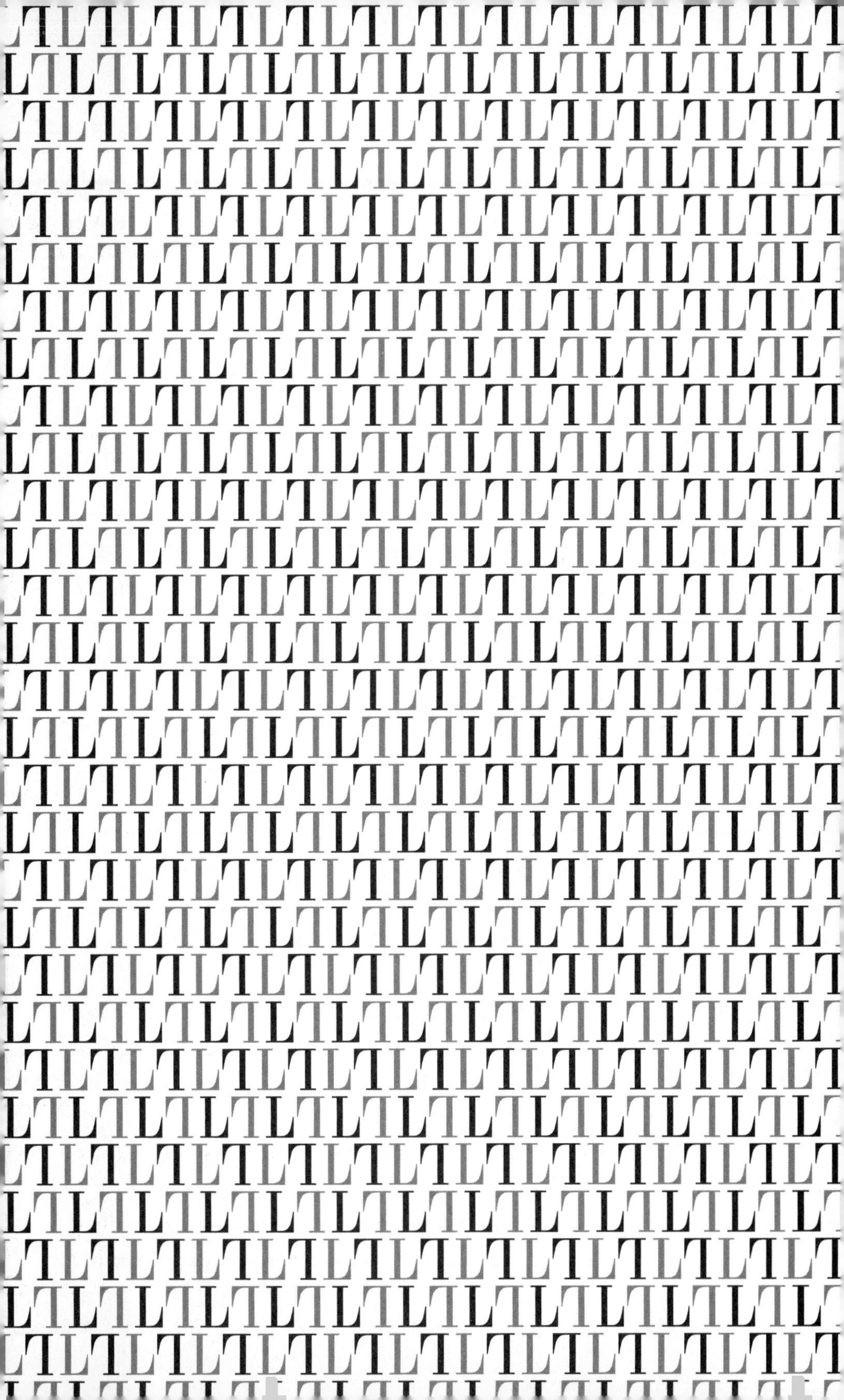

Nuestra casa está ardiendo

Una familia y un planeta en crisis

Greta Thunberg, Malena Ernman,
Svante Thunberg y Beata Ernman

Traducción del sueco de
Mónica Corral y Martin Lexell

Lumen

Papel certificado por el Forest Stewardship Council®

Título original: *Scener ur hjärtat*

Primera edición: noviembre de 2019

Esta traducción ha sido publicada con el subsidio del Swedish Arts Council, al que agradecemos su apoyo.

Printed in Spain – Impreso en España

ISBN: 978-84-264-0737-5
Depósito legal: B-17610-2019

Compuesto en M. I. Maquetación, S. L.
Impreso en Egedsa (Sabadell, Barcelona)

H 4 0 7 3 7 5

Penguin
Random House
Grupo Editorial

Índice

PRIMERA PARTE

Tras el telón

Porque el tiempo pasa.
El sol morirá a las siete.
Decidnos, expertos en la oscuridad,
¿quién nos iluminará ahora,
quién encenderá un contraluz occidental,
quién soñará un sueño oriental?
¡Que venga cualquiera con un farol!
Preferiblemente, tú.

WERNER ASPENSTRÖM, *Elegía*

Esta podría ser mi historia. Casi como una autobiografía, si hubiera querido escribir algo así.

Pero las autobiografías no me interesan demasiado.

Para mí, las cosas importantes son otras.

Esta historia la hemos escrito Svante y yo en colaboración con nuestras hijas, y trata de la crisis por la que pasó nuestra familia.

Trata de Greta y Beata.

Pero sobre todo es el relato de una crisis que nos envuelve y nos afecta a todos. Una crisis que hemos generado con nuestra forma de vivir: de espaldas a la sostenibilidad, lejos de la naturaleza de la que todos formamos parte. Algunos lo llaman consumo desenfrenado, otros hablan de crisis climática. La mayoría de la gente parece creer que esta crisis se está produciendo en algún lugar muy alejado de nosotros y que tardará muchos años en afectarnos.

No es así.

Porque ya está aquí y crece sin cesar a nuestro alrededor, de muchas maneras distintas. En la mesa del desayuno, en los pasillos de los colegios, en las calles, en las casas y en los pisos. En el árbol que ves desde la ventana, en el viento que te alborota el pelo.

Después de muchas dudas, Svante, las niñas y yo decidimos contar algunas cosas de las que quizá no deberíamos hablar hasta un poco más adelante.

Cuando hubiéramos tomado mayor distancia.

No por nosotros, sino por vosotros.

Seguramente se habría considerado más agradable. Menos incómodo.

Pero no disponemos de ese tiempo. Si queremos tener una posibilidad, no nos queda más remedio que empezar ya a hacer visible esta crisis.

Pocos días antes de que este libro se publicara, en agosto de 2018, nuestra hija Greta Thunberg se sentó delante del Parlamento sueco y comenzó su huelga escolar por el cambio climático; una huelga que todavía dura, tanto en la plaza de Mynttorget de Gamla Stan, en Estocolmo, como en muchos otros lugares de todo el mundo.

Infinidad de cosas han cambiado desde entonces. No solo para ella, sino también para nosotros como familia.

Hay días en que casi tengo la sensación de estar viviendo una historia propia de un libro de cuentos.

Esta nueva edición es un relato ampliado que incluye más escenas del verano de 2018 y lo que sucedió al principio de la huelga de Greta.

MALENA ERNMAN
Noviembre de 2018

P. S.: Antes de que se publicara la primera versión de este libro, declaramos que el dinero que ganáramos con él se donaría a Greenpeace, WWF, Lära med Djur [Aprende con Animales], Fältbiologerna [Biólogos de Campo], Kung över Livet [Rey de la Vida], Naturskyddsföreningen [Asociación Sueca de Protección de la Naturaleza], Barn i Behov [Niños con Necesidades] y Djurens Rätt [El Derecho de los Animales], todo por medio de una fundación que hemos creado.

Y así ha sido.

Porque eso fue lo que Greta y Beata decidieron.

Escena 1

La última noche en la ópera

Es hora de salir al escenario.

La orquesta afina por última vez los instrumentos y la luz se va atenuando en la sala. Me he situado al lado del director Jean-Christophe Spinosi, estamos a punto de salir al escenario para colocarnos en nuestros puestos.

Esta noche todo el mundo está contento. Es la última función y mañana podremos volver a casa con los nuestros, antes del próximo trabajo. A nuestra tierra, a Francia, Italia y España. A casa, en Oslo y Copenhague. Para luego continuar hasta Berlín, Londres y Nueva York.

Las últimas representaciones las he vivido un poco como en trance.

Todo aquel que haya trabajado sobre un escenario en alguna ocasión sabrá a qué me refiero. A veces se produce una especie de magia; una energía que crece en la interacción entre el escenario y el público y que provoca una reacción en cadena que se repite de función en función, noche tras noche. Parece magia. La magia del teatro y de la ópera.

Y ahora llega la última representación de *Jerjes*, de Händel, en la sala de exposiciones Artipelag, en el archipiélago de Estocolmo. Es 2 de noviembre de 2014 y esta noche será la última vez que cante en una ópera en Suecia. Pero eso nadie lo sabe todavía.

Esta noche será la última vez que actúe en una ópera.

El ambiente está cargado de electricidad, y tras el telón todos parecen levitar a unos centímetros del hormigón que recubre el suelo casi nuevo del Artipelag.

La ópera va a ser grabada. Hay ocho cámaras y un equipo de producción en toda regla.

Tras la puerta de acceso al escenario se oye el rumor de novecientas personas que guardan un silencio abrumador. El rey y la reina están aquí. Todo el mundo está aquí.

Me muevo de un lado a otro. Intento respirar, pero no lo consigo. Tengo la sensación de que el cuerpo se me inclina todo el tiempo hacia la izquierda y sudo. Las manos se me adormecen. Las últimas siete semanas han sido una auténtica pesadilla, sin un solo instante de descanso. No he tenido ni el más mínimo momento para la tranquilidad. Me siento mareada, pero a la vez es como si estuviera más allá de ese malestar, como en un interminable ataque de pánico.

Como si me hubiera estampado contra una pared de cristal y me hubiera quedado suspendida en el aire antes de caer. Aguardo el impacto contra el suelo. Aguardo el dolor. La sangre, los huesos rotos y las sirenas de las ambulancias.

Pero no ocurre nada. Lo único que logro es verme flotando en el aire delante de esa maldita pared de cristal que sigue ahí sin la menor grieta.

—No me encuentro bien —digo.

—Siéntate. ¿Quieres un poco de agua?

El director y yo hablamos en francés.

De repente, las piernas ya no me sostienen. Jean-Christophe consigue cogerme en brazos antes de que caiga.

—Tranquila, no pasa nada —dice—. Retrasamos la representación. Que esperen. Y decimos que la culpa es mía, soy francés. Los franceses siempre llegamos tarde.

Alguien ríe.

Tengo que darme prisa para volver a casa después de la actuación. Mi hija pequeña, Beata, cumple nueve años mañana y hay miles de cosas que hacer en casa. Pero ahora estoy donde estoy: desmayada en los brazos del director.

Típico.

Alguien me acaricia la frente con cuidado.

Todo se vuelve negro.

Escena 2
El pueblo

Crecí en una casa adosada de Sandviken. Mi madre era diácono y mi padre el responsable de finanzas de Sandvik, el grupo industrial donde trabajaban la mayoría de los vecinos del pueblo. Tengo una hermana más pequeña, Vendela, con la que me llevo tres años, y un hermano once años menor que yo, Karl-Johan, a quien mi madre llamó así por Carl Johan «Loa» Falkman, el barítono, porque le parecía muy atractivo.

Esa es la única relación con la ópera y la música clásica que he heredado de mi familia.

No obstante, cantábamos mucho: música folk, Abba, John Denver. Por lo demás, creo que podría decirse que éramos una familia sueca de lo más corriente que vivía en una pequeña ciudad de provincias. Lo único que quizá nos diferenciaba de los demás era el enorme compromiso de mis padres con las personas necesitadas y desfavorecidas.

En nuestra casa, en el barrio de Vallhov, imperaba la compasión, y se daba por descontado que siempre había que intentar ayudar a quien lo precisara. Una tradición familiar que mi madre heredó de su padre, Ebbe Arvidsson, que ocupaba un puesto importante en la Iglesia sueca y que fue un pionero del ecumenismo y la actual ayuda humanitaria. De modo que la casa de mi infancia estaba a menudo llena de refugiados o de personas sin papeles a los que acogíamos.

A veces había un poco de lío.

Pero todo iba bien.

Si viajábamos a algún sitio era para visitar a la mejor amiga de mi madre, que era monja, y algunos veranos los pasamos en su convento, en el norte de Inglaterra. Creo que ese es el motivo por el que digo tacos sobre el escenario con tanta frecuencia: una especie de rebeldía infantil crónica que nunca se me ha pasado del todo.

Pero aparte de que veraneábamos en dormitorios comunes de escuelas de conventos ingleses y de que teníamos refugiados en el garaje, éramos exactamente como todos los demás.

Sin embargo, como decía, cantábamos mucho, y a mí me entusiasmaba cantar; cantaba a todas horas.

Y cantaba cualquier cosa. Cuanto más difíciles eran las piezas, más me divertía.

Sin duda, el motivo por el que muchos años después me hice cantante de ópera es, simplemente, que me apasionan los retos. Y en el fondo, la ópera era lo más difícil y divertido que se podía cantar.

Escena 3

Profesional de la cultura

Desde que tenía seis años he estado encima de un escenario y cantando ante un público: coros de iglesia, grupos vocales, grupos de jazz, musicales, ópera. Mi pasión por el canto no tiene límites; prefiero no pertenecer a ningún género y que no me encasillen. Mis gustos son de lo más variado, se mueven en todas las direcciones imaginables. Canto cualquier cosa, siempre y cuando sea de calidad.

En el mundo del espectáculo sueco suele decirse que cuanto más definido estés como artista, más libros de cocina podrás publicar; pero a diferencia de los demás, mis libros de cocina, sin duda, brillan por su ausencia.

Sin embargo, durante los últimos quince años he seguido, al menos desde mi punto de vista, una línea bastante clara en la que he tratado de combinar altura artística y afán de llegar al gran público. He querido hacer lo difícil un poco más fácil, la alta cultura un poco menos alta, lo minoritario algo más mayoritario. Y al revés.

He seguido mi propio camino. Siempre a contracorriente y casi siempre sola. Hasta que, claro, conocí a Svante.

Eso que al principio era fruto del instinto y la intuición, con los años se convirtió en método. Casi en una responsabilidad, convencida de que quien tiene la posibilidad de seguir desarrollando aquello a lo que se dedica, tiene también la obligación de intentarlo.

Svante y yo pertenecemos a esa pequeña minoría a la que al final se le ha brindado esa posibilidad.

Y lo intentamos.

Somos profesionales de la cultura. Formados en conservatorios, en escuelas superiores de teatro y ópera y con una vida profesional a medio camino entre el trabajo *freelance* y el empleo institucional a nuestras espaldas. Hacemos lo que todo profesional de la cultura en última instancia está programado para hacer. Trabajamos a destajo para asegurar nuestro futuro y alcanzar nuestro eterno objetivo: encontrar a un público nuevo.

Venimos de ambientes muy distintos, pero siempre hemos compartido el mismo objetivo, desde el principio.

Distintos pero parecidos.

Cuando me quedé embarazada de nuestra primera hija, Greta, Svante trabajaba en tres teatros, el Östgötateatern, el Riksteatern y el Orionteatern. Al mismo tiempo. En cuanto a mí, había firmado contratos que me vinculaban durante varios años con diferentes teatros de ópera por toda Europa. A mil kilómetros de distancia los unos de los otros, hablábamos por teléfono sobre cómo organizarnos para que el día a día de nuestra nueva vida funcionara.

—Eres de las mejores del mundo en lo que haces —dijo Svante—. Lo he leído como mínimo en diez periódicos diferentes, y yo, en el teatro sueco, ocupo un lugar más bien discreto, como el bajista de un grupo de rock. Y además, tú ganas una puta fortuna comparado.

—En comparación.

—Ganas una puta fortuna en comparación.

Protesté un poco, aunque no muy convencida, pero la decisión ya estaba tomada, y tras su última actuación, Svante cogió un vuelo para reunirse conmigo en Berlín.

Al día siguiente sonó su teléfono; él contestó y salió a hablar unos minutos al balcón que daba a la Friedrichstrasse. Era finales de mayo y el calor veraniego ya apretaba. Apenas llevábamos seis meses juntos.

—Hay que joderse, es la ley de Murphy —dijo riéndose después de colgar.

—¿Quién era?

—Erik Haag y otro tipo. La semana pasada estuvieron en el Orion viendo el espectáculo.

Svante había actuado con Helena af Sandeberg en una obra de Irvine Welsh, el autor de *Trainspotting*, una novela en la que los personajes no paran de drogarse y de envolver cadáveres en film transparente.

«¡Fóllame!» era una de las frases que Helena le había gritado a Svante varias noches por semana desde que la obra se había estrenado. Me moría de celos.

—Quieren hacer un programa de humor en la radio y por lo visto les parezco divertido, por lo que querían saber si me gustaría participar, un poco para probar. En fin, ha sido una de esas llamadas que siempre estás esperando recibir...

—¿Y qué les has dicho? ¡Tienes que hacerlo! —dije mirándolo fijamente.

—Pues les he dicho que estoy con mi novia que está embarazada y que trabaja en el extranjero —contestó mirándome con la misma intensidad.

—¿Les has dicho que no?

—Sí. No nos queda otra. Esto o lo hacemos juntos, o nunca funcionará.

Y así fue.

Unas semanas después estábamos en la fiesta del estreno de *Don Giovanni* en la Staatsoper, y Svante contaba al director de orquesta Barenboim y a Cecilia Bartoli que era él quien se ocupaba de las laboras de la casa.

—*So now I'm a housewife.*

Y así seguimos durante doce años. Fue agotador, pero también muy divertido. Vivíamos dos meses en una ciudad y después nos marchábamos a la siguiente: Berlín, París, Viena, Amsterdam, Barcelona. Una etapa tras otra.

Los veranos los pasábamos en Glyndebourne, Salzburgo o Aix-en-Provence, como es habitual cuando se te da bien cantar ópera y otros géneros del repertorio clásico.

Yo ensayaba entre unas veinte o treinta horas semanales, y el resto del tiempo lo pasábamos juntos. Libres. Sin familia, excepto la madre de Svante, Mona. Nada de amigos. Ni cenas, ni fiestas. Solo nosotros.

Cuando nació Beata, tres años después de Greta, compramos un Volvo V70 para que nos cupieran las casas de muñecas, los peluches y los triciclos. Después seguimos adelante, una etapa tras otra. Fueron unos años fantásticos. Jugábamos con las niñas sentados en el suelo de preciosos y luminosos pisos de techos altos, y al llegar la primavera paseábamos juntos por frondosos parques.

Nuestro día a día no se parecía al de nadie. Nuestro día a día era sencillamente maravilloso.

Escena 4

Una ocasión irrepetible

—Participar en el Melodifestivalen* se parece un poco a tener hijos. Uno puede contárselo a los demás, puede describir hasta el último detalle, pero solo quienes lo han vivido entienden lo que se siente.

Anders Hansson es productor musical y no falta mucho para que empecemos a trabajar juntos en mi próximo álbum. Estamos cruzando la plaza Stortorget, en Malmö, tirando de nuestras maletas de camino al tren que nos llevará a Estocolmo, y Anders se ríe mientras nos explica la situación a Svante y a mí.

Es la mañana siguiente a mi debut en la canción ligera, y una gran foto en la que aparezco junto a Petra Mede y Sarah Dawn Finer ocupa la portada del diario *Aftonbladet*. En el pie de foto se lee: «Malmö Arena, a las 21.23 h». Yo doy la impresión de estar en shock.

Si uno participa en el Melodifestivalen es para ganar, y para ganar bien. Partir con todos los pronósticos en contra, llegar a la final con los más grandes artistas, los mejores..., y luego triunfar con el menor margen posible, quizá solo gracias a los votos del público. Así lo gané yo. Chupado.

A partir de entonces, tuvimos que ponernos manos a la obra.

Las circunstancias no podían haber sido mejores.

El Melodifestivalen 2009 nos había dado una ocasión única, una oportunidad que muy probablemente jamás volvería a repetir-

* Concurso en el que se elige la canción que representa a Suecia en Eurovisión. *(Todas las notas del libro son de los traductores.)*

se. El público acudía a la ópera en masa. El ministro de Cultura hablaba del «efecto Malena».

«La ópera vuelve al pueblo desde los salones elegantes», se leía en el *Expressen*. Y el jefe de la sección de Cultura del *Dagens Nyheter* escribió: «Es demasiado bueno para ser verdad. Y luego resulta que es verdad».

Durante un instante casi llegué a creer que era posible: la ópera podía llevarse al gran público.

Pero cuando el otoño hizo su entrada, todo seguía igual. Ninguna institución sueca relacionada con la ópera se puso en contacto con nosotros ni quiso aprovechar la oportunidad. El público estaba ahí, pero era como si nadie lo quisiera.

De modo que decidimos encargarnos de todo nosotros mismos.

Durante años interpreté papeles de protagonista en las óperas en el extranjero y fui artista pop en mi país, con conciertos, giras y todo tipo de actuaciones de producción propia.

Todo lo imaginable para tratar de llegar a ese nuevo y amplio público.

Una noche, dos semanas antes de la última representación de *Jerjes*, Svante y yo estábamos sentados en el suelo del baño en nuestra casa en Estocolmo, completamente agotados. Era tarde, las niñas ya dormían. A nuestro alrededor todo comenzaba a desmoronarse. Las paredes del piso no parecían las mismas: las grietas se extendían por el techo y daba la impresión de que toda la manzana fuera a derrumbarse en cualquier momento y a hundirse en el canal del lago Klara.

Greta acababa de empezar el quinto curso y no se encontraba bien. Lloraba por las noches a la hora de dormir. Lloraba de camino al colegio. Lloraba durante las clases y en los recreos, y los profesores nos llamaban casi todos los días. Svante tenía que salir corriendo y llevarla de vuelta a casa. A casa con Moses, porque nadie más que Moses lograba consolarla.

Greta se pasaba luego horas con nuestro golden retriever, dándole mimos, acariciándolo. Lo intentamos todo, pero nada daba resultado. Ella desapareció en una especie de oscuridad, como si hubiera dejado de funcionar. Dejó de tocar el piano. Dejó de reír. Dejó de hablar.

Y dejó de comer.

Sentados en el duro suelo de mosaico del baño, supimos exactamente lo que teníamos que hacer. Lo intentaríamos todo. Lo cambiaríamos todo. Teníamos que hacer que Greta volviera, costara lo que costara.

Aunque eso no era suficiente. Debíamos hacer algo que fuese más allá de las palabras y los sentimientos: un balance, una ruptura.

—¿Cómo lo ves? —preguntó Svante—. ¿Quieres seguir?

—No.

—Bien. Creo que ya va siendo hora de que pasemos de todo esto —dijo—. No se puede popularizar la ópera cuando las instituciones no quieren que sea popular. Importa una mierda que alguien dé con ese público *nuevo* si nadie lo quiere.

—Estoy totalmente de acuerdo. Ya está. Se acabó, ya no quiero seguir. —Y era verdad.

—Si no basta con lograr que veinte mil personas vayan a escuchar ópera a una sala de exposiciones en mitad del bosque en la isla de Värmdö, a tres kilómetros de la parada de autobús más cercana, todo sin ningún patrocinador ni un céntimo de subvención, si ni siquiera *eso* es suficiente, nada lo será, joder.

El carácter de Svante no siempre juega a su favor. Pero, en efecto, yo no tenía mucho que objetar a su razonamiento.

—Hemos hecho todo lo posible —dije—. Sinceramente, creo que si siguiéramos no aguantaría.

—Entonces lo cancelamos todo. Todos los contratos —prosiguió Svante—. Madrid, Zúrich, Viena, Bruselas. Todos. Ya se nos ocurrirá una buena excusa. Y hacemos otras cosas: conciertos, musicales, teatro, televisión. Canta ópera. Canta, pero no hagas más representaciones.

—Dentro de dos semanas daré la última función. Después, se acabó para siempre.

Había tomado una decisión.

—¿Decimos algo? ¿O es una tontería?

—Sí —respondí—, es una tontería.

No dijimos nada.

Escena 5

Jerjes, rey de Persia

Después me contaron que estuve inconsciente casi diez minutos. Al público se le informó de que, lamentablemente, la representación se retrasaría un poco.

Tras el telón no se hablaba más que de cómo afrontar la situación, claro, pero ya no me importaba, pues yo ya sabía lo que iba a hacer.

Había llegado el momento de dejarlo de una vez por todas.

Bebí un sorbo de agua y asentí mirando al director.

—¿Puedes levantarte?

—No. —Me levanté.

—¿Puedes andar?

—No. —Me encaminé hacia la puerta del escenario.

Todos se intercambiaron miradas de preocupación.

—Pero ¿puedes cantar?

—No —dije asintiendo con la cabeza hacia el director, y salí al escenario.

Quienes asistieron aseguran que aquella noche la ovación final fue extraordinaria. La gente se puso en pie y vitoreó con un ímpetu poco habitual.

Entre bastidores, todos eran presa de una especie de euforia, igual que en una película. Los reyes nos vitoreaban, y todos hablaban y reían a la vez.

Como a cámara lenta.

Pernilla me ayudó a quitarme el vestido y la peluca.

—No le digas a Svante lo que ha pasado. ¿Para qué preocuparlo?

Ella asintió con la cabeza en silencio.

Desde el vestíbulo de la planta de arriba llegaban voces que hablaban en sueco, francés, alemán, español...

Qué contentos parecían. Y cuando me acompañaron al taxi, vi que alzaban sus copas de champán para brindar. Alguien lanzó un viva y se oyeron cuatro hurras...

Me tumbé en el asiento de atrás y estuve llorando todo el trayecto hasta el centro.

No por tristeza. No por alivio. No por cómo estaban las cosas.

Lloré porque no recordaba nada de la representación.

Era como si no hubiera estado allí.

Escena 6

Ñoquis

«Desayuno: 1/3 de un plátano. Tiempo: 53 minutos.»

En la pared tenemos una hoja de papel de tamaño A3 donde escribimos todo lo que Greta come y lo que tarda en hacerlo. No es mucho. Y lleva su tiempo. En el servicio de urgencias del SCÄ, el Centro de Trastornos Alimentarios de Estocolmo, dicen que a la larga este método suele acabar funcionando. Se toma nota de las comidas, y se apunta en una lista lo que se puede comer, lo que quizá se podría comer un poco más adelante y lo que a uno le gustaría poder comer.

Nuestra lista es corta: arroz, aguacate y ñoquis.

Es martes 8 de noviembre y nos hallamos en algún lugar entre el abismo y Kungsholms Strand, nuestra casa. En el colegio, las clases empiezan dentro de cinco minutos. Pero hoy no va a haber colegio. No va a haber colegio en toda la semana.

Ayer recibimos otro correo electrónico de la escuela en que se expresaba la «preocupación» por las repetidas faltas de asistencia de Greta, pese a que tanto los médicos como los psicólogos ya habían enviado varias cartas al equipo directivo para explicar la situación.

Les informo de nuevo de las circunstancias en que nos encontramos, a lo que me responden con otro correo electrónico en el que dicen que esperan que Greta acuda a la escuela como siempre el lunes para que podamos abordar y superar «este problema».

No, Greta no irá al colegio el lunes. Lleva dos meses sin comer, y si no se produce un cambio drástico la semana que viene, la ingresarán en el hospital infantil Sachsska.

Comemos sentados en el sofá viendo un DVD de la serie *Érase una vez*. Hay varias temporadas y cada una dura más o menos medio período geológico. Y eso nos va bien. Necesitamos océanos de tiempo para conseguir llegar al final de cada comida.

Svante cocina ñoquis. Es muy importante que la textura sea perfecta; de lo contrario, Greta no se los puede comer.

Servimos una determinada cantidad en un plato. Es un difícil juego de equilibrio, pues si ponemos demasiados, nuestra hija no come nada y si ponemos pocos, no come lo suficiente. Todo lo que consiga ingerir es, se mire por donde se mire, insuficiente; pero cada bocado, por pequeño que sea, es importante y no hay que desperdiciar nada.

Greta empieza a ordenar los ñoquis. Les da la vuelta. Los aplasta y a continuación reanuda todo el proceso. Tras veinte minutos así, se pone a comer. Lame y chupa y mordisquea un poco. Va despacio. Se acaba un capítulo de la serie. Treinta y nueve minutos. Mientras da comienzo el siguiente episodio, apuntamos los tiempos intermedios, la cantidad de bocados por capítulo, pero no decimos nada.

—Estoy llena —dice de repente—. No quiero más.

Svante y yo no nos miramos. No debemos dejar que se nos note la frustración, porque nos hemos dado cuenta de que es lo único que funciona. Hemos probado otras estrategias, todas las que puedan imaginarse.

La hemos regañado. Hemos gritado, reído, llorado. La hemos amenazado, rogado, implorado, y le hemos ofrecido todos los sobornos que nuestra imaginación ha podido inventar. Pero esto parece ser lo que mejor funciona.

Svante se acerca al papel de la pared y escribe:

«Comida: 5 ñoquis. Tiempo: 2 horas y 10 minutos».

Escena 7

Sobre el arte de hacer bollos

Es el tercer fin de semana de septiembre de 2014 y tengo que acudir al Artipelag. Iré luego. Ahora lo que nos traemos entre manos es hacer bollos.

Vamos a hacerlos los cuatro, toda la familia, y estamos totalmente decididos a que esto salga bien. Tiene que salir bien, sí o sí.

Si hacemos los bollos con calma y siguiendo los pasos habituales, Greta podrá comerlos, como siempre, y entonces todo se arreglará, todo volverá a ir bien. Vamos, está chupado. Nos encanta hacer bollos.

Así que nos ponemos manos a la obra, casi bailando en la cocina, mientras amasamos y horneamos para crear el ambiente pastelero más festivo y positivo de la historia de la humanidad.

Pero cuando los bollos ya están listos, la fiesta se interrumpe de golpe. Greta coge uno y lo huele. Lo sostiene en la mano mientras trata de abrir la boca, pero es como si no fuera capaz. Nos damos cuenta de que no podrá.

—Venga, come, anda —decimos a la vez Svante y yo.

Primero con tranquilidad.

Luego con algo más de firmeza.

Después con toda la frustración e impotencia que llevamos acumuladas dentro.

Y al final a gritos, dando rienda suelta a todo nuestro miedo y a toda nuestra desesperación.

—¡¡¡Que comas!!! Tienes que comer, ¿es que no lo entiendes? Tienes que comer; si no, te morirás.

Entonces Greta sufre su primer ataque de ansiedad. Emite un sonido que nunca, jamás, habíamos oído. Una especie de aullido abismal que dura más de cuarenta minutos. Es la primera vez que la oímos gritar desde que era un bebé.

Y después me siento con ella entre mis brazos. Moses se tumba al lado y apoya su húmedo hocico en la cabeza de Greta.

Los bollos están tirados en el suelo de la cocina.

Al cabo de una hora se ha tranquilizado, y le decimos que ya no vamos a comer bollos y que no pasa nada.

—Todo se arreglará, todo irá bien.

Es hora de ponerme en marcha para llegar a tiempo al espectáculo. Se trata de una función matinal. Mi familia me acompaña a Artipelag, y en el coche Greta pregunta:

—¿Me pondré bien?

—Por supuesto que te pondrás bien —respondo.

—¿Cuándo me pondré bien?

—No lo sé. Pronto.

El coche se detiene delante del impresionante edificio.

Subo al escenario y empiezo a calentar la voz.

Escena 8

En el hospital infantil

Por muy mal que lo haya pasado en mi vida, siempre me he sentido bien en el escenario. Es mi refugio. Pero ahora debo de haber traspasado algún tipo de límite porque cada función de *Jerjes* me resulta un completo horror. No quiero estar ahí. No quiero. Quiero estar en casa, con mis hijas. Quiero estar en cualquier otro lugar antes que en el maldito Artipelag.

Y sobre todo, lo que quiero es poder contestar a la pregunta de Greta: «¿Cuándo me pondré bien?».

No tengo la respuesta. Nadie la tiene, porque primero debemos averiguar qué es lo que le ocurre, de qué enfermedad se trata.

Todo comienza con una llamada del centro de salud, más o menos un mes y medio después del inicio del cuatrimestre de otoño. Han pasado un par de semanas desde que empezamos a notar que algo no iba bien, y unos días desde que le hicieran unos análisis a Greta. Nos llama una joven médica.

—Los resultados de las pruebas no han salido del todo bien —dice, y nos recomienda que vayamos al hospital infantil Astrid Lindgren para someter a Greta a unas nuevas pruebas.

—¿Pedimos cita? —pregunta Svante.

—No —responde la médica—. Creo que es mejor que vayáis ahora mismo.

Quince minutos después recogemos a Greta del colegio y nos dirigimos a urgencias. Allí continúan las pruebas, y luego hay que esperar.

De modo que nos sentamos a esperar, sintiendo cómo la tensión y la preocupación van en aumento. Llamamos a la madre de Svante para que vaya a recoger a Beata al colegio.

Al cabo de unas cuantas horas, un médico viene a hablar con nosotros. Algunos indicadores muestran que algo no va bien, pero no consiguen saber qué. Svante se derrumba en el suelo. Durante unas horas los dos nos sentimos en caída libre.

Vemos entreabrirse las puertas del infierno mientras deambulamos inquietos por la sala de reconocimiento, donde tantos otros han caminado de la misma manera antes que nosotros y donde tantos otros lo harán después.

Hemos comprado un bocadillo de ensaladilla de pollo al curri envuelto en plástico y lo hemos dejado en el taburete de acero que hay junto a la puerta. Me he sentado en el suelo con Greta en mis rodillas e intento hablar de cosas divertidas.

Durante los años siguientes hemos evocado a menudo aquellos momentos. Aunque nunca en detalle. Svante se acuerda de cómo le cedieron las piernas en el pasillo, y yo, la oscuridad infinitamente pesada que se cernió sobre nosotros y sobre las demás familias que había en el hospital, cada una en su pequeño consultorio. Y prácticamente ahí concluyen mis recuerdos, pues no tengo fuerzas para rememorar lo demás.

Solo empezar a evocar esos momentos, aunque sea una décima de segundo, basta para poner toda la vida en perspectiva.

Entra otra médica. Retira el bocadillo del taburete y se sienta para informarnos de los resultados y tranquilizarnos. Han revisado las pruebas y parece que todo está bien. No hay indicios de nada preocupante, por lo que podemos respirar tranquilos, dar gracias a Dios y marcharnos a casa.

Salir al escenario esa noche no fue especialmente divertido, pero desde luego era un problema menor comparado con la otra opción: ser una de esas familias que esa tarde no pudieron volver a casa desde el hospital, una de esas familias que se quedaron en la sala de consultas frente a las puertas del infierno.

Al cabo de unos días nos llaman del hospital. La médica nos recomienda que nos pongamos en contacto con el Servicio de Psiquiatría Infantil y Juvenil. En su opinión, todo lo que ha visto en las pruebas indica que puede deberse a que Greta haya empezado a tener graves problemas alimentarios.

—No es del todo infrecuente entre las chicas en la primera fase de la pubertad —explica—. A menudo se debe a razones psicológicas más que médicas.

Escena 9

Inanición

El cuerpo suele ser más sabio que nosotros. En ocasiones lo usamos para decir algo que no somos capaces de expresar de otro modo. Y, a veces, cuando no tenemos la fuerza o las palabras para describir cómo nos sentimos, el cuerpo nos sirve de intérprete.

Dejar de comer puede significar muchas cosas.

La cuestión es qué.

La cuestión es por qué.

Obviamente, era impensable que ninguno de los dos hubiéramos conseguido comernos aquel bocadillo envuelto en plástico en la sala de espera del hospital infantil Astrid Lindgren, y nos corroe saber que Greta debe de sentirse casi todo el tiempo igual de mal que nos sentimos nosotros en aquellos momentos.

Svante y yo seguimos buscando respuestas. Dedico las noches a leer todo lo que encuentro en internet sobre anorexia, autismo y trastornos alimentarios. Estamos seguros de que no se trata de anorexia. Pero la anorexia, nos dicen una y otra vez, es una enfermedad muy astuta que hace lo imposible por que no la descubran.

De modo que no la descartamos.

La vida es un caos, y cualquier lógica resulta muy lejana. Leo acerca de la hipersensibilidad, la intolerancia al gluten, la infección de las vías urinarias, el síndrome PANDAS y diversos diagnósticos neuropsiquiátricos.

Me paso todo el día con el teléfono en la mano; solo interrumpo las llamadas para ir a Artipelag y cantar. Svante, entretanto, intenta que Greta y Beata se sientan como siempre.

Llamo al Servicio de Psiquiatría Infantil y Juvenil, al Servicio de Información Sanitaria, a diversos médicos, psicólogos y a todo conocido que se me ocurra que pueda tener algún conocimiento sobre el tema o que pueda orientarnos. Es una madeja interminable de conversaciones y comentarios del estilo de «Pues conozco a alguien que conoce a alguien que conoce a...».

La adrenalina me mantiene en pie, y aguantaré hasta donde haga falta. A pesar de no pegar ojo por las noches y de haber perdido el apetito hasta el punto de que se me olvida comer.

Mi amiga Kerstin conoce a Lina, que es psiquiatra y que habla conmigo durante horas. Escucha, aconseja y consigue concertarnos una cita en la consulta del Servicio de Psiquiatría Infantil y Juvenil de Kungsholmen.

En el colegio de Greta hay una psicóloga con mucha experiencia en casos de autismo. Ha hablado con nosotros por teléfono y dice que, por supuesto, hay que realizar un estudio minucioso, pero que desde su punto de vista —y *off the record*— Greta presenta una sintomatología que apunta con bastante claridad al espectro autista.

—Asperger de alto funcionamiento —sostiene la psicóloga del colegio.

Intentamos asimilar lo mejor que podemos lo que nos está diciendo, y sin duda suena muy convincente, pero nos resulta terriblemente difícil hacernos a la idea de que nuestra hija sea autista. Lo cierto es que todas las personas de nuestro círculo, sin excepción, reaccionan con grandísimo asombro al enterarse de la hipótesis del autismo.

No hay ni un solo estereotipo de autismo o de Asperger que encaje con Greta. O bien la psicóloga del colegio se ha vuelto loca, o bien existe una laguna enorme en lo que comúnmente se sabe acerca de este síndrome.

Después sigue una larga sucesión de citas —desde el Servicio de Psiquiatría Infantil y Juvenil hasta el Centro de Trastornos Alimentarios de Estocolmo—, en las que repetimos nuestra historia y en las que nos informan de lo que se puede hacer. Nosotros hablamos y Greta guarda silencio. Ha dejado de hablar con todo el mundo excepto conmigo, Svante y Beata. Nos turnamos para contar los detalles.

A veces participan hasta seis personas en las reuniones, y aunque todo el mundo puede y quiere ayudar en lo posible, no parece que exista ningún modo de hacerlo.

Todavía no, en cualquier caso.

Damos palos de ciego.

Tras dos meses sin comer, Greta ha perdido casi diez kilos, lo que es mucho para una niña ya de por sí menuda. Su temperatura corporal es baja, el pulso y la tensión arterial muestran claros signos de inanición.

Ya no tiene fuerzas para subir la escalera, y en los test de depresión que realiza los indicadores alcanzan niveles estratosféricos. Explicamos a nuestra hija que debemos prepararnos para empezar a vivir en el hospital, y le contamos cómo uno se puede alimentar y nutrir sin comer, con la ayuda de sondas y suero.

Escena 10

Vamos a tener que hacerlo todo nosotros mismos

A mediados de noviembre tiene lugar una reunión importante en el Servicio de Psiquiatría Infantil y Juvenil, a la que también asisten tres personas del Centro de Trastornos Alimentarios.

Greta está sentada en silencio. Como de costumbre. Yo lloro. Como de costumbre.

—Si no hay ningún cambio durante el fin de semana, tendremos que ingresarte en el hospital —dice el médico.

En la escalera, ya cerca del vestíbulo, Greta se vuelve, nos mira y dice:

—Quiero empezar a comer de nuevo.

—Cuando lleguemos a casa, comemos un plátano —responde Svante.

—No. Quiero volver a comer como antes.

Los tres nos echamos a llorar y luego nos vamos a casa, donde Greta se come una manzana verde entera. Pero después ya no puede más; resulta que eso de volver a comer como antes es un poco más difícil de lo que parecía en un principio.

Sin embargo, aunque se entristece, Greta no sufre un ataque de pánico. Ha tomado una decisión, de modo que continuamos intentándolo, y al final encontramos una pequeña senda que seguir para abrirnos camino a través de la maleza.

Damos unos pasos cautos, tentativos, y va bien. Las piernas resisten.

Avanzamos despacio.

Tenemos arroz, aguacate, pastillas de calcio, plátanos y tiempo.

Nos tomamos nuestro tiempo.

Un tiempo ilimitado.

Svante se queda en casa y jamás se separa de las niñas. Escuchamos audiolibros, hacemos puzles y deberes, y anotamos cada comida en un papel que hemos puesto en la pared.

Beata se encierra en su habitación en cuanto llega del colegio. Apenas la vemos. Nota nuestra preocupación y nos evita.

Junto con Greta, leemos de cabo a rabo *En una isla remota*, *La vuelta al mundo en ochenta días* y *Un hombre llamado Ove*.

Los cuatro libros de la saga de los emigrantes de Vilhelm Moberg. August Strindberg. Selma Lagerlöf, Mark Twain, Emily Brontë y los cinco libros de la serie sobre Estocolmo de Per Anders Fogelström.

«Un plátano: 25 minutos. Un aguacate con 25 gramos de arroz. Tiempo: 30 minutos.»

Al otro lado de la ventana caen las últimas hojas de los árboles. Y empezamos un largo, largo camino de vuelta.

Dos meses más tarde, la pérdida de peso no solo ha cesado, sino que ha dado un giro y ahora la báscula indica un lento y discreto aumento. Hemos añadido salmón y tortitas de patata a la lista.

En el Centro de Trastornos Alimentarios hay un médico extraordinario que lleva un registro del peso y la frecuencia cardíaca de Greta, y durante largas e instructivas charlas en su consulta nos lo explica todo sobre las diferentes sustancias nutritivas y sobre las proteínas, que son los cimientos del cuerpo. Y empezamos con sertralina, un antidepresivo cuya dosis ha de incrementarse muy poco a poco.

Greta es inteligente. Tiene memoria fotográfica y puede recitar, por ejemplo, las capitales de todos los países del mundo de un tirón.

También se sabe todas las capitales territoriales. Si le pregunto: «¿Islas Kerguelen?», me responde: «Port-aux-Français».

—¿Sri Lanka?

—Sri Jayawardenapura Kotte.

Y si le digo: «¿Al revés?», contesta igual de rápido. Aunque al revés, claro. Svante suele decir que es una versión mejorada de él mismo. Él, que hace treinta y cinco años dedicó su infancia a coleccionar horarios de vuelos y a aprendérselos de memoria. Greta es capaz de recitar la tabla periódica de principio a fin en menos de un minuto, pero le molesta no saber cómo se pronuncian algunos de los elementos.

La profesora le da clases particulares en su tiempo libre. Dos horas a la semana, durante los recreos y las horas muertas entre clase y clase, en la biblioteca. A escondidas. Es suficiente para que Greta apruebe todas las asignaturas de quinto curso.

Sin esa profesora, nada habría sido posible.

Nada.

—He visto desmoronarse a demasiadas chicas con alta sensibilidad y alto rendimiento. Ya está bien —explica—. No voy a tolerarlo más.

Cuando una persona se derrumba, es difícil recomponerla, y a pesar de que hay mucha voluntad y muchos conocimientos, a menudo las herramientas no están muy afiladas y resultan desesperantemente ineficaces.

Existe ayuda dentro del sistema. Aunque solo para algunas personas. Para aquellas que se ajustan a alguno de los pocos patrones disponibles. Pero Greta no es una de ellas.

Llevamos ya meses luchando casi las veinticuatro horas del día cuando al final comprendemos que vamos a tener que hacerlo todo nosotros mismos; conclusión a la que, por supuesto, no somos los únicos que hemos llegado.

Estamos atascados, como en tablas, entre tres instituciones diferentes, y pasamos nuestras jornadas en reuniones que tratan de lo que quizá pueda hacerse en el futuro.

Naturalmente, en una sociedad que funciona debería existir un organismo dotado de buenos recursos que se dedicara a una labor preventiva, formando e informando a las personas sobre las enfermedades psíquicas y los posibles diagnósticos. Una institución que se dedicara a formar a profesores, padres y niños en aquello que deberíamos saber sobre el tema. Un ente así sería posiblemente la inversión más rentable de la historia de la sociedad moderna.

Pero por desgracia no existe.

Lo que existe es un servicio psiquiátrico infantil y juvenil en el que todos los empleados están sobrepasados por el trabajo y tienen que dedicar gran parte del tiempo a apagar fuegos. Lo que existe es una escuela donde todo el alumnado ha de funcionar de la misma manera y donde hay profesores que se dan de baja un día sí y otro también porque acaban quemados.

De modo que no queda otra que hacerlo todo uno mismo.

Hay que formarse, hay que luchar.

Y además, tener mucha suerte.

Escena 11

«Los niños son malos»

—¿Suelen mirarte así?

—No sé. Supongo.

Svante y Greta han acudido al acto de fin de curso y han intentado pasar inadvertidos quedándose al fondo de la clase, y detrás de los demás en los pasillos y en la escalera.

Cuando los compañeros del colegio te señalan y se ríen descaradamente de ti, aunque vayas con tu padre, es que la situación ha llegado muy, muy lejos. Demasiado lejos.

Que te acosen en el colegio es terrible. Pero que te acosen, sin que seas consciente de que lo hacen, es aún peor.

En casa, sentados a la mesa de la cocina, Svante me explica lo que acaba de pasarles mientras Greta se come su arroz y su aguacate.

Me cabrea tanto lo que me cuenta que podría echar abajo media ciudad. Sin embargo, nuestra hija reacciona de otra manera. Se pone contenta. No es que esté aliviada o tranquila, sino contenta. Rebosa alegría.

Luego pasa todas las vacaciones de Navidad contándonos incidentes y episodios espeluznantes, absolutamente espantosos. Como sacados de una película que incluye todas las posibles escenas de acoso escolar que uno pueda imaginarse.

Historias de cómo la tiran al suelo del patio o de cómo la engañan para que vaya a sitios raros, la continua marginación y la zona franca que es el baño de chicas, donde a veces consigue esconderse y llorar hasta que los vigilantes del recreo la obligan a salir al patio.

Durante más de un año sigue contando nuevos episodios.

Svante y yo informamos de lo ocurrido a la dirección del colegio, pero ellos no están de acuerdo, su interpretación de la situación es muy diferente. En su opinión, es Greta quien tiene la culpa, ya que varios niños han dicho en repetidas ocasiones que Greta se comporta de manera extraña, que habla demasiado bajo y que nunca saluda. Esto último lo escriben en un correo electrónico.

Escriben cosas aún peores, lo que es una suerte para nosotros porque cuando los denunciamos a la inspección escolar tenemos muchas pruebas y resulta evidente que la inspección fallará a nuestro favor.

La profesora de Greta sigue dándole clases particulares a escondidas. Desde la dirección del colegio ha recibido varias advertencias para que deje de hacerlo y al final la han amenazado con despedirla si simplemente habla con Greta o con nosotros. Pero ella continúa. Una semana tras otra. Greta entra y sale a escondidas de la biblioteca del colegio y Svante la espera fuera, en el coche.

Le explico que volverá a tener amigos, pasado un tiempo. Y siempre me responde lo mismo:

—No quiero tener amigos. Los amigos son niños y los niños son malos.

Greta coge a Moses y se lo acerca.

—Yo puedo ser tu amiga —dice Beata.

—Todo irá bien —dice Svante con tono tranquilizador mientras anota en el papel de la pared: «1 aguacate y medio, 2 trozos de salmón con arroz, una pastilla de calcio. Tiempo: 37 minutos».

Escena 12

La revancha de las chicas invisibles

El pulso de Greta aumenta según los informes del Centro de Trastornos Alimentarios, y por fin la curva del peso asciende lo suficiente para que pueda someterse a un examen neuropsiquiátrico.

Nuestra hija tiene síndrome de Asperger, autismo de alto funcionamiento y TOC, trastorno obsesivo-compulsivo.

—También podríamos incluir mutismo selectivo en el diagnóstico, pero es un trastorno que a menudo desaparece con el tiempo.

No nos sorprende. Es más o menos la conclusión a la que nosotros habíamos llegado hacía ya meses.

La psicóloga del colegio nos acompaña cuando nos dan el diagnóstico en el Servicio de Psiquiatría Infantil y Juvenil, y le estamos muy agradecidos por habernos dicho la verdad desde el principio.

Cuando salimos, recibimos una llamada de Beata: va a quedarse a cenar en casa de una amiga. Siento una punzada de remordimiento, pues es la primera vez en mucho tiempo que no tendrá que cenar sola. «Pronto cuidaremos también de ti, cariño —le prometo, y me prometo—, pero primero Greta tiene que ponerse bien.»

El verano está a la vuelta de la esquina, y volvemos a casa andando. Ya casi no necesitamos racionar el consumo de calorías.

Escena 13

«Los raros sois vosotros, el normal soy yo»

Joakim Thåström

Lo que le sucedió a nuestra hija mayor no puede explicarse solo con una combinación de siglas o con el hecho de que es diferente. Al final, lo que le pasó era que simplemente no consiguió que las cosas le cuadraran.

Nosotros, que vivimos en un momento histórico de una sobreabundancia nunca vista, con unos medios que van más allá de cualquier fantasía, no tenemos recursos para ayudar a la gente que huye de la guerra y el terror, personas como tú y como yo que lo han perdido todo.

En el colegio, la clase de Greta ve un documental sobre la contaminación de los océanos. Una isla de plástico más grande que México flota por el sur del océano Pacífico. Greta se pasa todo el documental llorando. Sus compañeros también están muy conmovidos. Antes de que la clase termine, la maestra les explica que el lunes tendrán un sustituto porque ella se va a Connecticut, en las afueras de Nueva York, para asistir a una boda.

—¡Hala! ¡Qué suertuda! —exclaman los alumnos y alumnas.

Una vez en el pasillo, ya se han olvidado de la isla de basura que viaja por el litoral de Chile. De los plumas, con los cuellos forrados de piel, sacan sus iPhone nuevos, y todos los que han estado en Nueva York cuentan lo guay que es la ciudad, repleta de tiendas, y que Barcelona es genial para ir de compras, y que en Tailandia todo es superbarato, y que alguien va a ir con su madre a Vietnam en Semana Santa..., y Greta no consigue que las cosas le cuadren.

Para almorzar hay hamburguesas, pero ella es incapaz de probarlas.

El comedor del colegio está a rebosar y hace calor. El nivel de ruido resulta insoportable y, de repente, el grasiento trozo de carne que hay en el plato deja de ser un pedazo de comida y se convierte en un músculo triturado de un ser vivo con sentimientos, conciencia y alma. La isla de basura se le ha quedado grabada en la retina.

Se echa a llorar y quiere volver a casa, pero no puede porque allí, en el comedor del colegio, hay que comer animales muertos y hablar de ropa de marca, maquillaje y teléfonos móviles.

Hay que llenarse el plato hasta arriba, decir que la comida está asquerosa y juguetear con el tenedor lo justo antes de tirarlo todo al cubo de basura; sin mostrar ni rastro de autismo o de anorexia o de cualquier otra cosa que suponga un engorro.

Greta ha sido diagnosticada, pero eso no excluye que sea ella quien lleve razón y que todos los demás estemos totalmente equivocados.

Porque por mucho que lo intentara, no consiguió que le cuadrara esa ecuación que todos los demás ya habían resuelto; la ecuación que suponía el billete de acceso a un día a día funcional.

Porque vio lo que todos los demás no queríamos ver.

Greta pertenecía a esa minoría de personas que podían detectar el dióxido de carbono a simple vista. Ver lo invisible. Ver ese abismo incoloro, inodoro y silencioso que nuestra generación ha elegido obviar. Vio todo eso, no literalmente, por supuesto, así como los gases de efecto invernadero que salían en tropel de nuestras chimeneas, se elevaban con los vientos y convertían la atmósfera en un gigantesco e invisible vertedero.

Ella era el niño del cuento, nosotros éramos el emperador.

Y todos estábamos desnudos.

Escena 14

Algo se ha torcido un pelín, nada más

Todos los padres y todas las madres del mundo estarían dispuestos a afirmar que no dudarían ni un instante en saltar delante de un tren en marcha para salvar a su hijo. Es un instinto que nadie niega.

Pero cuando esa situación se produce de verdad, rara vez se trata de un tren.

Tampoco se trata de esa décima de segundo que se tarda en alargar los brazos y atrapar a alguien para que no se caiga; sino que suele ser algo que, simplemente, se ha torcido un pelín, nada más. Y casi nunca se parece a esas escenas de rescate que vemos en las películas.

Simultáneamente al acoso escolar, a los diagnósticos y a la marginación fueron perfilándose los contornos de una imagen mucho más grande. Para nosotros, la imagen fue aclarándose tan despacio que casi ni se notaba. Casi ni se notaba que algo iba mal.

En realidad, no era tan difícil de ver, pero sí incómodo.

Una vez que fijamos la mirada en ella, fue como si no pudiéramos dejar de mirar. Porque lo que comprendes al verla de verdad ocupa de repente todo tu campo visual, lo cambia todo y cada fibra de tu cuerpo te dice que debes mirar a otro lado, pero no podemos hacerlo porque se trata de nuestra hija y, obviamente, no hay nada que no hiciéramos por ella.

Cuatro años nos llevó entender del todo aquella imagen. La imagen de algo que se había torcido y que iba a cambiar nuestras vidas.

Escena 15

Adicta a la bondad

Tenía treinta y ocho años cuando me convertí en una «famosa», aunque fama ya tenía antes de ir al Melodifestivalen. Sin embargo, pertenecer al grupo de los «famosos» es totalmente diferente. Es algo que no se puede concebir si no se ha vivido en persona.

—Pero ¿qué pasa si gana? —preguntó mi agente de entonces, cuando a mediados de enero suspirábamos inclinados sobre el calendario de 2009.

—Es cantante de ópera —dijo Svante riéndose—. ¿Cómo no va a ganar...? Venga ya...

El día siguiente al Melodifestivalen, cuatro periodistas del diario *Aftonbladet*, Svante y yo volamos a Frankfurt, donde yo tenía que ensayar *La Cenerentola*, que se estrenaba cinco días después. Fueron unos días un poco caóticos.

Mi agente se vio obligada a viajar por Europa para reunirse con todos los empresarios que me habían contratado y suplicarles que me dejaran un poco de tiempo libre, ya que contra todo pronóstico no solo había llegado a la final del Melodifestivalen, sino que además había ganado el dichoso concurso, por lo que tenía que estar en Moscú para la final de Eurovisión en medio de una temporada de trabajo en la que interpretaba los papeles principales en las óperas de Frankfurt, Viena y Estocolmo.

—Pero ¿podrás con todo? —preguntó ella.

—Yo puedo con lo que sea —respondí.

Svante y yo nunca hemos asistido a estrenos ni a fiestas de famosos; ni, a decir verdad, tampoco a otras fiestas.

Cuando eres una persona socialmente reservada, te vuelves muy eficaz; tan pronto mis conciertos o actuaciones terminan, me voy directa a casa. Cuando trabajo en Estocolmo, suelo marcharme antes que el público y desmaquillarme en la bici de camino a casa. Si es un estreno y no me obligan a ir a la fiesta, también huyo hacia mi casa.

No ha existido para Svante y para mí más que el trabajo y las niñas. Eso es a lo que dedicamos todo nuestro esfuerzo. Todo lo demás queda a un lado.

Tratamos de dar voz a todo aquello que es más importante que nosotros y creemos que el medio ambiente y el clima no solo se han convertido en el principal problema, sino también en la consecuencia más indiscutible del cambiante orden mundial.

Asistimos a una acuciante crisis de sostenibilidad de la que el calentamiento global constituye solo un aspecto; pero si los corrimientos de tierra masivos en el África occidental son una consecuencia de esta crisis, la sequía en Oriente Próximo otra y el ascenso del nivel de mar en las islas-nación del Pacífico la tercera, la crisis en nuestra parte del mundo se manifiesta, entre otras, en forma de enfermedades fruto del estrés, de la segregación y de las colas cada vez más largas en los servicios de psiquiatría infantil y juvenil.

El planeta nos está hablando por medio de las barras de los gráficos estadísticos. Vemos cómo se va devorando el hielo en el norte. La tierra tiene fiebre, pero esta no es más que un síntoma de una crisis de sostenibilidad mayor provocada por nuestro estilo de vida y por nuestros propios valores: son estos los que representan la mayor amenaza para nuestra futura supervivencia.

Todo acaba derivando en una crisis de sostenibilidad, que incluye tanto la contaminación atmosférica y la biosfera como el sistema político y económico, y que señala al punto crucial del estado de salud de la humanidad.

Escena 16

El zoo de Amberes

Durante el invierno de 2010 alquilamos un piso bastante descuidado en la Rue du Fossé aux Loups, en Bruselas. Beata, nuestra hija pequeña, acaba de cumplir cuatro años, y en uno de mis días libres decidimos ir a Amberes a visitar el zoo. Durante el vuelo a Bruselas ha explotado en la maleta grande una loción antipiojos, que ha impregnado todas nuestras cosas. Todos los DVD de Pippi y Madicken se han estropeado y la escalera entera apesta a Paranix.

Nos levantamos pronto y ni siquiera han dado las nueve cuando ya estamos preparados para dirigirnos a la Gare Du Midi. Solo falta una cosa: Beata tiene que ponerse un par de calcetines limpios. Es sumamente sensible para muchas cosas como por ejemplo la ropa.

«¡No! ¡Pican!», grita, y si un jersey o unos pantalones no están bien puestos del todo, se arrastra por el suelo del recibidor. A veces no nos queda más remedio que llevarla en brazos hasta el ascensor y vestirla en el carrito, pero hay días en los que ni siquiera eso es posible, días en los que todo se desmadra y ninguno de los trucos habituales funciona.

Por supuesto, es una situación insostenible.

De modo que hoy no damos nuestro brazo a torcer. Tiene que ponerse un par de calcetines limpios antes de que salgamos, y punto. Pero ella se niega.

Al cabo de dos horas proponemos una solución intermedia y cogemos los calcetines sucios que ha llevado casi durante un mes.

Se niega.

Así que los padres se plantan. Naturalmente, no es la primera vez, y hoy Svante y yo disponemos de todo el día y no pensamos ceder.

A las dos salimos del piso y cogemos el tren hacia Amberes.

Beata lleva zapatos, pero no calcetines. Sentada en su asiento, balancea contenta las piernas.

La batalla ha terminado, y Beata ha salido victoriosa.

—Haces que Lotta de Bråkmakargatan* parezca Mahatma Gandhi —dice Svante riéndose.

La niña nos dedica su sonrisa más traviesa y, como siempre, en ese instante es totalmente irresistible. Nos derretimos.

Está feliz.

Vamos al zoo.

* Protagonista de una serie de libros Astrid Lindgren.

Escena 17

Accidente nuclear

En inglés lo llaman *meltdown*. Son violentos estallidos que se producen cuando ya no se consigue gestionar emociones acumuladas dentro de los límites de lo que podríamos considerar un comportamiento razonable.

Uno de los primeros *meltdowns* de Beata se produjo en Nochebuena, pocos meses antes de nuestra excursión al zoo de Amberes. Fue incapaz de manejar tanta expectación y tantos estímulos, de modo que estalló en un ataque: perdió el control y acabó sumida en un caos emocional.

Ninguna barrera podía contenerla, y aquello terminó con nosotras dos luchando en el suelo hasta que conseguí que se quedara quieta entre mis brazos.

—¿Es que no entiendes lo que estás haciendo? —sollocé, desesperada.

—Sí.

—Y entonces, ¿por qué lo haces?

Beata también lloraba.

—No lo sé.

Había muchos indicios de que algo no iba nada bien, pero no nos importaba. Para nosotros parecía lógico chillar, hacer aspavientos como locos y exigir a una niña de cuatro años una explicación por su mal comportamiento, como dos idiotas.

—Creo que Beata tiene TDAH —le dije más tarde a Svante—. Esta no ha sido una rabieta normal.

No sé cómo llegué en ese momento a esa conclusión, y aunque hoy sé que nuestras sospechas no nos hubieran llevado a tener ninguna ayuda durante muchos años, ojalá nos hubiéramos dejado guiar por esa línea de pensamiento.

Solo bastante después hemos entendido hasta qué punto nos resistimos a admitir que la situación era anormal. En lugar de eso, hemos cargado con ello y nos hemos adaptado. Como suele hacerse.

Beata es un angelito en la guardería y en cualquier otro lugar, salvo en casa. Ingeniosa, buena, tímida y absoluta y deliciosamente encantadora. Se relaciona de maravilla, y la mera insinuación de que vamos a contarle a sus maestros cómo se comporta en casa le da pavor.

Que todo esto son síntomas tempranos del TDAH (trastorno por déficit de atención e hiperactividad) en niñas no lo sabemos entonces. ¿Cómo íbamos a saberlo? Tampoco es que haya habido campañas de sensibilización general al respecto...

Solo sabemos lo que sabemos. Y nos limitamos a hacer lo que hemos aprendido que hay que hacer. Hay que poner límites y educar a los hijos de forma que sean funcionales. Así que continuamos regañando y poniéndonos serios.

Continuamos educando. Estableciendo unos límites claros. Y subimos a toda prisa al coche, buscamos un hotel en Google y conducimos hacia el norte. Hacia la estación de esquí de Åre. Ya que la familia no funciona cuando estamos los cuatro a solas, Svante opina que si nos rodeamos de gente en hoteles y restaurantes todo irá bien. O por lo menos mejor. «Se solucionará, ya lo veréis.»

¡Y ese pensamiento racional masculino resulta acertado! Aparte de un poco de sudor, estrés y lágrimas en la pista Osito para niños, volvemos a pasárnoslo bien. Funcionamos.

Aprendemos a esquiar, tomamos chocolate caliente y comemos salchichas con patatas fritas.

Por las tardes nos bañamos en la piscina y después cenamos en un restaurante.

No se puede estar mejor.

Hemos aplazado enfrentarnos a los problemas barriéndolo todo bajo la alfombra para disfrutar de unas vacaciones tranquilas, sin sobresaltos. Damos prioridad a la forma antes que al fondo, tal como hemos aprendido que se debe hacer. Ocultamos nuestras diferencias y nuestras debilidades. Fijamos la mirada en el camino que tenemos delante, sin desviarla nunca hacia los lados.

Escena 18

Estabilizarse

Medio año después del diagnóstico de Greta, la vida se ha estabilizado y se ha convertido en algo parecido a un día a día medianamente normal, a una rutina. Estamos en 2015 y Greta acaba de empezar en un nuevo colegio. Por mi parte, he despejado el calendario y trabajo a medio gas.

Beata está en cuarto curso. Vive y respira música y baile. Está obsesionada con el grupo británico Little Mix y tiene la habitación empapelada con las fotos de las cuatro integrantes de la banda: Perrie, Jade, Jesy y Leigh-Anne. Beata es un pequeño genio de la música.

Yo puedo aprenderme de memoria una ópera en dos días si tengo que hacerlo y no conozco a casi nadie que tenga mejor oído que yo, a excepción de Beata.

Ha cantado en directo para miles de personas en el popular programa de televisión *Allsång på Skansen* sin desafinar ni una sola nota y sin el más mínimo nerviosismo.

Nunca he oído ni visto a alguien que aprenda música tan deprisa como ella.

Pero mientras estamos plenamente dedicados a recuperarnos y a cuidar de Greta, los arrebatos de cólera de Beata se multiplican. Su irascibilidad va más allá de los típicos arrebatos adolescentes, aunque solo tiene diez años. Más allá de lo que puede considerarse una rabia y una cabezonería comunes.

En el colegio todo va bien.

Sin embargo, en casa Beata se derrumba, se rompe en pedazos. Ya no soporta estar con nosotros.

Todo lo que hacemos Svante y yo le molesta. Quizá se deba a que con nosotros puede relajarse y no tiene que preocuparse por cumplir con su papel social. Es altamente sensible, y en nuestra compañía puede perder el control y desahogar toda su frustración por los ruidos, los sabores, la ropa o cualquier cosa que la supere.

Beata no está bien. Pero todavía no hemos tomado conciencia de qué le pasa. Tampoco somos conscientes de hasta qué punto estamos agotados de lidiar con el día a día; ni de lo que ese agotamiento puede hacer con nuestra capacidad de análisis.

Escena 19

Cuando la guerra se instaló en nuestra casa

Es otoño y Europa acaba de atravesar su mayor crisis migratoria desde la Segunda Guerra Mundial. Aunque, a decir verdad, en Suecia no puede hablarse de crisis para la mayoría de la gente, a excepción de quien trabaje en la Dirección General de Emigración o como bombero y deba salir corriendo cada dos por tres a apagar incendios en algún centro de acogida de refugiados.

A nuestro juicio, nadie puede salir bien parado de la mayor crisis de refugiados desde la Segunda Guerra Mundial, a menos que la sociedad civil se remangue e intente ayudar. De modo que hacemos lo que está en nuestras manos.

Beata y Greta quieren ayudar todavía más y proponen que prestemos nuestra casita de verano, en la isla Ingarö, como vivienda para refugiados, de modo que en noviembre se muda allí una pequeña familia. Les proveemos de tarjetas de autobús y de comida, y pueden quedarse allí hasta que el proceso de asilo termine. Los fines de semana comemos platos sirios juntos con todos los vecinos y miramos fotos de Damasco.

Greta se limita a oler la comida, inclinándose sobre cazuelas y fuentes. Beata permanece sentada en el sofá con la espalda recta y una sonrisa modélica en los labios. Valiente, va probando todos los platos de la comida siria. Svante y yo nos esforzamos por ser buenos invitados.

No obstante, aunque la guerra se haya instalado en nuestra casa —aunque la guerra haya rehecho nuestras camas con sábanas de Disney donadas por el centro de Refugees Welcome en Sickla—, sigue estando demasiado lejos para que comprendamos la situación.

Y por mucho que lo intentemos, todavía dedicamos una cantidad tan enorme de energía en cada pequeño paso que damos hacia delante que apenas somos capaces de asumir nada más, por mucho que lo deseemos. Estamos demasiado cansados.

Escena 20

«La peor madre de todo el puto mundo»

—¡Zorra! ¡Hija de puta!

Beata está en el salón sacando los DVD de las baldas de la estantería para tirarlos por la escalera de caracol que desciende a la cocina. Hubo una época en la que manteníamos largas y serias conversaciones sobre el significado de ciertas palabras, pero de eso ya hace tiempo. Los DVD de Pippi y Madicken reciben su merecido. No es la primera vez que ocurre y sin duda no será la última.

—Solo os preocupáis por Greta. Nunca por mí. Te odio, mamá. ¡Eres la peor madre de todo el puto mundo, cabrona, hija de puta! —grita mientras el DVD de *Jasper el pingüino* me cae en la cabeza.

Tras él salen volando *Rasmus y el vagabundo*, *Harry Potter*, *Angelina Ballerina* y unas cien películas más.

Beata cierra la puerta de su habitación de un portazo y da unas patadas a la pared con todas sus fuerzas, y una vez más nos asombra la increíble solidez de los dobles paneles de escayola de los tabiques. La pared aguanta y los DVD ya llevaban tiempo rayados, así que tanto da que acaben en el suelo...

Nosotros también estamos bastante rayados y maltrechos, pero por desgracia no tenemos la misma resistencia a las embestidas que los tabiques del dormitorio del piso de arriba.

O al menos yo.

Es mucho más difícil mantenerse en pie tras el segundo golpe, ahora que le ha llegado el turno a nuestra hija pequeña.

Aunque el derrumbe de Greta fue una crisis más grave, ya que dejó de comer por completo, esto duele de un modo muy diferente.

Con Greta siempre se trató de kilos, minutos, días, tablas y esquemas. Todo resultaba casi demasiado organizado, pero había algo en aquello tan ordenado y cuadriculado que proporcionaba alivio.

Con Beata todo es caos, compulsión, rebeldía y pánico.

Solo es similar el momento, porque en cuanto a la edad la explosión detona justo a la misma hora: la de la prepubertad. Entre los diez y los once años.

Escena 21

Svante resuelve todos los problemas al irse con Beata a Italia

En el plazo de unas semanas nuestra vida cotidiana vuelve a hacerse añicos.

Acabo de empezar a trabajar en el Stockholms Stadsteater y me derrumbo enseguida. Las reservas se han agotado y la poca adrenalina que me queda no es suficiente, como sí lo había sido con Greta.

En absoluto.

—Todo se arreglará, ya verás —dice Svante, y decide cambiar de rutina e irse de viaje con Beata para pasar tiempo juntos, relajarse y hacer lo que suele hacerse cuando se viaja. Sea lo que sea eso.

Greta no puede viajar debido a su trastorno alimentario, y además se niega a volar por el cambio climático.

—Volar es lo peor que puedes hacer —explica.

Pero dice que si el viaje puede ayudar a su hermana pequeña deben marcharse, por supuesto; así que Svante y Beata vuelan a Cerdeña y van en un coche alquilado a un elegante hotel situado frente al estrecho de Córcega.

Se bañan en la piscina y comen en el restaurante, y una vez más ese modo de pensar masculino y racional funciona. El cambio de aires la tranquiliza y la hace feliz.

Durante unas horas.

Después le entra el pánico y quiere volver a casa. Hay lagartijas y ruido y hace demasiado calor y no puede dormir.

—Quiero irme a casa —dice llorando.

—No podemos irnos ahora. El vuelo no sale hasta dentro de una semana.

Esa realidad la supera.

Beata sufre un ataque de pánico y se pasa la noche llorando. El pánico no remite durante el desayuno. Se bañan en la piscina, pero ella solo llora y quiere volver a casa. Tiene miedo y no se encuentra bien.

De modo que Svante salda la cuenta del hotel, hace las maletas en pocos minutos, las carga en el coche y conduce hasta el aeropuerto mientras Little Mix suena a todo volumen en los altavoces.

Llegan justo a tiempo para coger el avión de la tarde a Roma y yo les reservo billetes en el vuelo de la SAS a Estocolmo para la mañana siguiente.

Svante encuentra un bonito hotel cerca de Piazza Venezia, desde cuya azotea ven ponerse el sol tras la basílica de San Pedro, imagen que se convierte en una preciosa foto a la cual un montón de amigos en Facebook dedican un «Me gusta», y todos escriben: «¡Pasadlo bien! ¡Disfrutad!».

Svante da una muestra más de su estrategia de barrerlo todo bajo la alfombra en la Ciudad Eterna, y vuelan hacia las destellantes pistas del aeropuerto de Arlanda. Beata está tranquila y contenta.

Es la fiesta de *midsommar* de 2016, y los cuatro, acompañados por Moses, vamos andando a casa desde el andén donde llega el tren de Arlanda. Greta y Beata cogen flores a lo largo de Kungsholms Strand hasta tener sendos ramilletes: siete flores de verano que pondrán debajo de la almohada la noche de *midsommar* para soñar con su futuro amor.

—Acabáis de emitir 2,7 toneladas de CO_2 —le dice Greta a Svante cuando nadie más la oye—. Y eso equivale a las emisiones anuales de cinco personas en Senegal.

—Lo he entendido —asiente Svante—. Voy a intentar quedarme en tierra a partir de ahora.

Escena 22

La balada del verano de 2016

No está siendo un buen verano. Ninguna de las niñas puede ir a ningún sitio. Beata lo ha intentado, pero ahora ya no quiere salir de casa. Le proponemos todo lo que se puede hacer en la ciudad, pero tampoco quiere.

A todo contesta con un «Cállate, puta idiota». Greta solo puede comer unas pocas cosas que tienen que prepararse de una manera especial en la cocina de casa. Se niega a comer con otras personas, y aunque su peso ha aumentado y se ha estabilizado, no podemos dejar que se salte ninguna comida.

De modo que nos quedamos en casa. Beata ahora no es capaz de gestionar las emociones. No nos soporta a nosotros, ni los ruidos que hacemos. Todo suena excesivamente y le es imposible mantener todos los pensamientos en la cabeza, porque son demasiados y van demasiado rápido. Incluso Moses es víctima de su rabia y se agazapa bajo el piano de cola para mantenerse fuera de la vista.

Tenemos que intentar no hacer ruido.

Beata se inventa juegos que resultan demasiado difíciles, juegos que no logra controlar y que se vuelven compulsivos, y cuando no se desarrollan como ella quiere, se enfurece con nosotros porque somos los únicos sobre los que puede descargar su frustración. Pero no es suficiente y la frustración aumenta. Al final se vuelve obsesiva con todo lo que tiene que ver con el ruido, como una especie de mecanismo de defensa.

El menor ruido, por leve que sea, puede desencadenar un arrebato de ira. Así que los demás, entre las comidas, la dejamos sola en casa y salimos al parque o hacemos excursiones cortas. Vamos a ver invernaderos y huertos ecológicos, y nos mojamos los pies en el lago Mälaren, en la bahía Vinterviken.

Beata convierte el día en noche y la noche en día; se queda dormida a eso de las cinco y se despierta hacia las tres de la mañana.

Pasan las semanas. Svante, Greta y yo comemos en la habitación de invitados en platos de plástico para no hacer ruido. Vamos tirando. No es que las cosas estén bien, ni mucho menos, pero todo funciona de manera razonable y, en cualquier caso, los días transcurren, poco a poco se van consumiendo unas vacaciones escolares con unas niñas que están la mayor parte del día en la cama.

Luego, de pronto, un día a las siete de la mañana nos despiertan unos terribles ruidos que hacen temblar toda la casa. Dos vecinos se han ido de viaje y han aprovechado para reformar sus baños.

Están cortando hormigón y en casa es imposible estar porque el ruido resulta ensordecedor, pero Beata no puede salir y esta situación va a durar dos semanas.

En muy poco tiempo, los frágiles cimientos que hemos construido se desmoronan.

Imploramos y rezamos. Maldecimos y blasfemamos.

El presidente de la comunidad de vecinos intenta ayudarnos, pero es evidente que todo el mundo tiene derecho a reformar su baño, y nadie puede hacer más de lo que ya hace. Pero eso no nos ayuda.

Una situación que ya era insostenible lo es ahora todavía más, y perdemos los estribos por turnos. Algunos días tratamos de fijar unos límites, de no ceder y ponernos firmes, pero eso solo empeora las cosas. Y así seguimos hasta que en algún momento, en medio de todo ese agotamiento, logramos una cita en el Servicio de Psiquiatría Infantil y Juvenil, y nada más entrar en la consulta me derrumbo y me quedo hiperventilando en el suelo.

Por supuesto que quieren ayudarnos, pero durante las vacaciones es muy difícil... Y nos vamos a las urgencias del hospital infantil Sachsska con arañazos en las manos, los brazos y la cara, pero está cerrado. Así pasamos varios días, yendo y viniendo del Servicio de Psiquiatría Infantil y Juvenil a urgencias, y al final nos dan unas pastillas para que a Beata le resulte menos difícil dormir.

Sin embargo, la familia ya está en caída libre.

Dejo el trabajo en el Stadsteater y me prescriben antidepresivos y tranquilizantes, a la espera de que acaben las vacaciones de verano y las reformas de los baños.

Gritamos. Rompemos las puertas a patadas. Nos arañamos. Damos puñetazos en los tabiques. Peleamos. Lloramos. Pedimos ayuda e intentamos aguantar. Pero poco a poco, en lo más profundo de nuestro ser, vamos comprendiendo algo, y el viaje de Beata da comienzo.

Escena 23

Entre líneas

La cantidad de personas diagnosticadas ha aumentado de forma exponencial. Desde luego, esto se debe al aumento de las dificultades a las que han de enfrentarse aquellos individuos susceptibles de tener algún diagnóstico «sospechoso», muy a menudo relacionado con el estrés.

Cada vez hay más personas con motivos para intentar averiguar por qué su día a día no funciona como el de la mayoría.

Cada vez hay más gente que precisa, por ejemplo, herramientas que certifiquen su discapacidad: las llamamos «diagnósticos». Por eso estos son buenos: porque salvan vidas.

Que luego no sepamos cómo funcionan los diagnósticos y que sigan sustentándose en estereotipos erróneos, que a menudo pueden causar más daño que beneficio, es otro tema.

El autismo, el TDAH y todas las demás variantes neurofuncionales no constituyen en sí mismas una minusvalía. En muchos casos incluso pueden ser ese superpoder y esa manera de pensar creativa a los que a menudo nos referimos los artistas.

Pero las dificultades que pueden surgir debido al diagnóstico podrían compararse con una minusvalía fruto de la ignorancia, de un tratamiento equivocado, de la discriminación o de la incapacidad para una adaptación social, necesaria pero muy difícil de lograr.

Son muchas las figuras que pueden hacerse cargo de esa minusvalía. La familia puede aligerar la carga, allanar el camino y compartir las dificultades, lo cual ayuda. Con la asistencia y la adaptación adecuadas muy a menudo el problema se reduce con los años. En cambio, si no se recibe ayuda, nuestra experiencia demuestra que el problema acaba extendiéndose con rapidez y familias enteras corren el riesgo de volverse más o menos codependientes y codiscapacitadas.

Esto es justo lo que sucede ahora en Suecia a decenas de miles de familias que en gran medida viven fuera de la sociedad sueca, en un tipo de marginación cuya existencia nadie parece conocer.

Y es que en este asunto no hay intereses económicos, ni grupos de presión. Entre los niños y las familias invisibles a casi ninguno le quedan fuerzas para hablar. Se requieren muchas energías, y a mí me quedan más bien pocas para escribir sobre esto. Porque entre líneas hay una historia que no se deja contar.

Una historia que nadie tiene fuerzas o posibilidad de documentar, porque quienes la han vivido no quieren recordarla. Resulta demasiado duro, demasiado doloroso.

Esa historia resulta demasiado humillante para todos los implicados, y por eso debo contarla.

Es mi obligación, ya que tengo la posibilidad de que me escuchen. Debo hablar de todas las llamadas telefónicas diarias a profesores y a padres para aligerar y hacer posible el día a día. Al profesor de manualidades, al sustituto de matemáticas, al padre de un compañero de clase. O de los miles de correos electrónicos enviados a diferentes pedagogos muy entrada ya la noche para que las niñas se queden tranquilas y puedan dormir. O de tener que recordar a todas horas que lo mejor para la mayoría puede ser lo peor para el individuo.

De los cambios necesarios en los grupos de gimnasia, de las preguntas en clase sobre los deberes que quedarán sin respuesta. De las excursiones que han de cancelarse. De los medicamentos que se agotan y de las farmacias a las que no han llegado las prescripciones médicas. De los profesores suplentes que nunca se presentan, de las noches sin dormir, de las esperas al teléfono del Servicio de Psiquiatría Infantil y Juvenil y de las circulares de la escuela que nunca llegan.

De los vecinos que se quejan, de las paredes rotas y de los amigos decepcionados que dejan de llamar. De todos los móviles, ordenadores y cuentas de Instagram que querrías mandar al infierno.

De los antidepresivos y los tranquilizantes. De los días en los que no me dejan dormir en casa porque hago demasiado ruido. De los conciertos y la música que me toca aprender en el trastero del sótano. De amigos que han dicho cosas en Snapchat.

De todos esos días en los que no te quedan fuerzas, o en los que ya ni siquiera tienes ganas de hacer nada. De todos esos días que no son más que una oscuridad sin esperanza. De todos esos días —todos durante cinco años— en los que nuestra familia no ha podido comer junta, o casi ni estar en la misma habitación.

De las pegatinas ultraderechistas del Movimiento de Resistencia Nórdico en el portal y de las fotos de nuestra casa que se han colgado en internet o de las noches pasadas en urgencias de Psiquiatría Infantil del hospital, comiendo un bocadillo en la sala de espera, de la vuelta a casa porque lo único que hemos intentado es poner unos límites.

De todos los niños encerrados en casa porque ya no son capaces de ir al colegio.

Alguien tiene que hablar de un sistema escolar que excluye a uno de cada cuatro alumnos, los cuales no logran acabar porque los colegios de educación especial, que facturan decenas de millones de coronas, «han fracasado» en la búsqueda de profesores. El fracaso más rentable del mundo.

De niños con autismo que son obligados a ir a una escuela, víctimas en un 82 por ciento de casos de acoso escolar. De todas las reuniones de urgencia con escuelas, de todos los padres y profesores quemados. De todos aquellos que lo pasan todavía peor que nosotros.

De la relación entre autismo y depresiones, de los niños que se quitan la vida.

De la estadística más negra. Niñas con anorexia.

Y de todo el dolor infinito por esas infancias que se pierden de forma irremediable porque vivimos en una sociedad que cada día excluye a más y más gente.

Una sociedad en la que dedicamos todo nuestro tiempo y energías a adaptarnos a ella; y no, no se necesita ninguna disfunción neuropsiquiátrica para ver todo lo enfermizo que nos rodea.

Pero lo cierto es que a veces lo más sano que una persona puede hacer es derrumbarse. El problema es que a largo plazo no constituye una solución.

Por eso no nos rendimos.

Pase lo que pase, jamás nos rendimos.

Nos esforzamos.

Nos reparamos unos a otros.

Quizá nunca nos pondremos bien del todo, pero siempre podemos mejorar, y en eso hay una fuerza.

Y una esperanza.

Escena 24

Street dance

Es martes y empezamos a recuperarnos de un auténtico horror de fin de semana.

El viernes un nuevo profesor se acercó a Beata y le preguntó por qué parecía tan cansada y a qué hora solía irse a la cama.

—A medianoche —respondió Beata.

El profesor se puso hecho un basilisco y la sermoneó —con la mejor intención, por supuesto— sobre la hora a la que uno debe acostarse y las horas que ha de descansar para aguantar el colegio, y todo eso estresó tanto a Beata que no pudo pegar ojo en todo el fin de semana. Bastaron solo tres días para que la familia volviera a desmoronarse como un castillo de naipes.

Pero hoy es martes y toca ir a baile.

Es importante ponerse en marcha a tiempo, ya que el estrés por llegar tarde a veces puede ser tan intenso que ni siquiera logramos salir de casa.

De modo que vamos con tiempo.

El problema es que Beata debe evitar determinados adoquines de la calle.

Tiene que dar siempre el primer paso con la pierna izquierda, y si se equivoca, ha de empezar de nuevo. Y yo tengo que andar de la misma manera que ella, lo que es difícil pues mis piernas son más largas y sin duda, visto desde fuera, cuando recorremos la calle con pequeños pasos hacia delante y hacia atrás la escena resulta bastante cómica. Hacia delante y hacia atrás.

Solo hay un kilómetro, pero tardamos casi una hora y a ella le salen esas obsesiones solo conmigo. Y lo entiendo muy bien, porque yo era igual con mi madre.

Cuando llegamos, nos enteramos de que hoy hay un suplente, algo que no pinta nada bien, porque no forma parte de la rutina y a Beata eso no le gusta nada. Me siento fuera a esperar.

Cada martes espero dos horas ahí sentada. No puedo cambiarme de sitio, ni siquiera ir al baño, porque entonces Beata se inquieta. Necesita verme por el resquicio de la puerta todo el tiempo.

Siento las vibraciones de los bajos en la pared y en el suelo. El estómago se me encoge un poco: el volumen no suele estar tan alto. Respondo a unos correos en el móvil para tratar de hacer algo útil. Al cabo de un rato me acerco de puntillas y echo una ojeada por una abertura de la cortina que hay en la puerta. Dentro la música atruena mientras ocho niñas bailan *street dance* con el suplente delante, que les chilla los pasos. La novena niña no baila; está de pie en el centro de la sala con las orejas tapadas con las manos e hipando por las lágrimas. Tiembla de pies a cabeza.

Entro corriendo y pido por enésima vez que bajen el volumen. ¿No ves que está llorando? Pero el sustituto no entiende la relación, por lo que cojo a Beata y nos vamos a casa. Y el baile pasa a engrosar la larga lista de fracasos de las actividades en grupo.

Sin embargo, antes de que nos vayamos, me deja que la abrace.

Mucho rato. Llora desesperada entre mis brazos y es terrible, pero de todos modos logro sentirme como una madre a la que su hija necesita.

Se trata de la primera vez en mucho tiempo que puedo tener entre mis brazos a mi querida pequeña. Es como regresar al hogar después de pasar una vida exiliada.

Es el mejor momento.

De todos.

Escena 25

El método «contacto de baja afectividad»

Es otoño cuando a Beata le hacen unas pruebas para detectar diferentes condiciones neuropsiquiátricas. Estamos en la última cita individual en el Servicio de Psiquiatría Infantil y Juvenil antes de que llegue el momento de una evaluación junto con Beata y el personal del colegio.

—Recuerdo una vez en que tenía que vacunar a Beata en el colegio y cómo estuvo preocupada durante semanas —dice Svante—. A veces lloraba a mares porque iban a ponerle una inyección. Y cuando llegó el día, la llevé junto a la enfermera de la escuela y durante el rato en que estuvimos allí ni se inmutó. Se quitó el jersey, puso el brazo y ni parpadeó con el pinchazo. Parecía como si estuviera viendo una película aburridísima en la televisión. Le pegaron la tirita, se puso el jersey y volvió a clase como si lo que acababa de pasar fuera la cosa más normal del mundo. Pero al llegar a casa por la tarde se derrumbó del todo y tuvo un largo arrebato de ira —prosigue Svante tartamudeando un poco, como siempre que se altera.

Distintos diagnósticos encajan solo en una parte y en ningún caso Beata se ajusta del todo a los criterios necesarios para que se emita uno en concreto.

—Se puede tener un noventa por ciento de TDAH, un sesenta por ciento de autismo, un cincuenta por ciento de trastorno negativista desafiante y un setenta por ciento de trastorno obsesivo compulsivo —explica la psicóloga—. De modo que juntos superan el cien por cien de un trastorno neuropsiquiátrico, pero aun así no se puede formular un diagnóstico exacto.

Cuando ha terminado de hablar, me doy cuenta de que Svante por primera vez en quince años llora desconsolado de forma abierta. A solas tampoco llora a menudo, pero ahora no puede parar.

—Tenéis que ayudarla —repite continuamente entre sollozos.

Al final a Beata le diagnostican TDAH, con rasgos de Asperger, trastorno obsesivo compulsivo y trastorno negativista desafiante.

Si no le hubieran dado un diagnóstico, no habríamos podido realizar junto con el colegio los ajustes que lograron que volviera a funcionar y a encontrarse bien. Si no se hubiera emitido un diagnóstico, yo no habría podido explicar a los padres de los amigos y a todos los profesores y adultos qué le pasaba. Si no se hubiera emitido un diagnóstico, yo no habría podido seguir trabajando. Si no se hubiera emitido un diagnóstico, nunca habríamos podido escribir este libro.

Así de dura es la realidad. La diferencia entre tener o no un diagnóstico oficial reconocido es como la noche y el día.

Pero ahora lo tiene, lo que supondrá para ella un nuevo comienzo, una explicación, un desagravio.

Nuestra hija va a un colegio bueno, con recursos, excelente profesionalidad y personal competente. Uno de los pocos que han empezado a tomarse en serio la inclusión, la disfuncionalidad y la adaptación individual. Pero siguen siendo los esfuerzos individuales y voluntarios de los profesores lo que marca la diferencia. Beata tiene unos maestros maravillosos que consiguen que todo vaya bien. No le ponen deberes; optamos por que no realice ninguna actividad extraescolar, evitamos todo lo que provoque estrés.

Y funciona. En casa aprendemos que el método del contacto de baja afectividad es lo mejor. Pase lo que pase, no podemos reaccionar a la ira con ira porque eso solo empeoraría las cosas. Nos adaptamos y planificamos, con rutinas y rituales estrictos. Hora a hora.

Intentamos encontrar hábitos que funcionen bien. A veces, cuando sucede algún imprevisto, todo se desmorona, pero entonces volvemos a empezar enseguida desde el principio. Nos repartimos. Cada uno se ocupa de una de las niñas. Vivimos cada uno por nuestro lado.

Todas las familias tienen un héroe. Beata es el nuestro. Cuando peor lo estaba pasando Greta, fue Beata quien dio un paso atrás y se las arregló sola. Si no lo hubiera hecho, nada habría funcionado. Sin ella habría sido imposible.

Yo soy quien está más unida a ella, porque soy su madre. Y nos parecemos tanto que casi da miedo. Yo soy quien mejor la entiende, y ella lo sabe. Aunque jamás lo admitiría.

A veces me equivoco. A veces la niña soy yo. No siempre puedo con el contacto de baja afectividad.

Pero la quiero hasta el infinito y más allá.

Escena 26

Una autoridad moral mayor

El hecho de que al final nuestras hijas recibieran ayuda fue una combinación de muchos y diferentes factores.

En parte se debió a la propia asistencia sanitaria, a los métodos probados, al asesoramiento y a la medicación. Sin embargo, sobre todo gracias a nuestro propio esfuerzo, a la paciencia, al tiempo, a la suerte y a que una serie de personas se saltaran las reglas e hicieran lo que no debían —pero sabiendo que era lo correcto—, Greta y Beata recibieron esa compensación.

Sin embargo, no se puede continuar así.

Una sociedad no puede ponerse en manos del azar y la desobediencia civil. La mayoría de los padres no tienen doscientos cincuenta mil seguidores en las redes sociales. La mayoría de los padres no pueden quedarse en casa a tiempo completo, a no ser que estén de baja. La mayoría de los padres no tienen la ventaja de contar con un alto estatus social.

SEGUNDA PARTE

Gente quemada en un planeta quemado

No puedo más.
Bueno, en realidad sí puedo, pero ya me entendéis, ¿no?

NINA HEMMINGSSON

Escena 27

Negación

Por la rejilla de ventilación de la Fleminggatan llega olor a suavizante.

Estocolmo. Enero.

Cementerios de árboles de Navidad.

Una lluvia infinita, gélida, me acompaña por las calles encharcadas.

Durante la Navidad y las fiestas de Año Nuevo la ciudad se halla casi vacía, todos los estocolmenses están en otro lugar.

Se han ido a Los Ángeles o a Tailandia. A Florida o a Sidney. A las islas Canarias o a Egipto.

Los suecos somos únicos. Defendemos casi todas las causas defendibles; luchamos por los refugiados, por los desfavorecidos y contra las injusticias.

En cambio, desde un punto de vista ecológico, no somos tan admirables; y entre los peores se encuentran personas como yo.

—Vosotros, los famosos, sois para el medio ambiente lo que Jimmie Åkesson* para la sociedad multicultural —dice Greta en el desayuno.

No es nada agradable escuchar eso cuando te gusta la multiculturalidad. Pero supongo que es cierto. No solo en el caso de los famosos, sino también en el de la mayoría de la gente. Y es que todos queremos tener éxito y nada puede transmitir mejor que has triunfado que el lujo, la abundancia y estar continuamente viajando.

* Líder del partido de ultraderecha Sverigedemokraterna.

—Aunque también es cierto que si me pongo enferma o pierdo popularidad, no gano ni un céntimo —intento rebatir—. Solo porque tengamos ciertas posibilidades de hacernos oír y de dar ejemplo, no se nos puede exigir siempre una responsabilidad moral.

Sin embargo, Greta no está de acuerdo. Recorre mi cuenta de Instagram de arriba abajo. Se la ve enfadada.

—¡Dime un solo famoso que defienda la causa climática! ¡Dime un solo famoso que esté dispuesto a renunciar al lujo de volar por todo el mundo!

—Luchan por otras causas —replico sin que en realidad se me ocurra ni un solo argumento de peso.

—¡Vale! ¡Dime entonces una causa por la que luchen, aparte quizá de estar en contra de la guerra nuclear global, cuyos efectos serían irreparables en el futuro! Si es que queremos un futuro.

Por supuesto, tiene toda la razón. Si nos cargamos el clima, jamás podremos repararlo, y las generaciones futuras pronto se verán en una situación en la que ya no se podrá arreglar nada.

Y es cierto que los seres humanos luchamos por las causas equivocadas. O mejor dicho: luchamos por las causas correctas; pero mientras nuestro estilo de vida vaya en contra de la cuestión más importante de todas, corremos el riesgo de haber peleado en vano al final.

Como es natural, no todo el mundo tiene que ser un activista por el clima. Pero lo mínimo sería pedir que al menos dejáramos de destruir de forma activa nuestro medio ambiente y nuestro planeta, y que no expusiéramos en las redes sociales nuestra masacre climática como un trofeo.

Por supuesto, yo misma formo parte importante del problema.

No han pasado siquiera tres años desde que subí radiantes selfis desde Japón. Un «Buenos días desde Tokio» y decenas de miles de «Me gusta» aparecieron en mi teléfono.

En el vuelo de vuelta a casa, me pasé un día entero sin apartar los ojos de Siberia y del océano Ártico, mientras el monótono zumbido de los motores del avión interpretaba su singular papel en la liberación de los gases de efecto invernadero de la tundra, despertándolos del milenario sueño del permafrost.

Sentí una punzada de dolor. Algo que antes habría llamado fiebre del viajero o miedo a volar, pero que en ese momento comenzó a adoptar una nueva y más nítida forma. Algo no iba bien.

Sin embargo, había actuado ante ocho mil personas y los conciertos se habían grabado para la televisión japonesa, de modo que mi viaje había tenido sentido, pensaba.

Como si a la biosfera y al ecosistema les importara la televisión japonesa.

La negación es una fuerza poderosa.

Escena 28

La gula

Una atmósfera equilibrada y que funciona es desde nuestro punto de vista un bien natural finito; un recurso natural limitado que pertenece a todos los seres vivos por igual. Pero con el actual ritmo de emisiones estos recursos naturales se acabarán dentro de dieciocho años.

Eso, en el mejor de los casos.

El asunto es que en una atmósfera que funcione para nosotros, la cantidad de dióxido de carbono no debería superar las 350 millonésimas partes, según los expertos. Hoy ya hemos sobrepasado las 410 y en los próximos diez o doce años se espera que alcancemos las 440.

Y así sucesivamente.

Según el propio servicio de compensación climática del aeropuerto de Arlanda, una persona que vuela en turista ida y vuelta de Estocolmo a Tokio produce 5,14 toneladas de dióxido de carbono.

Eso equivale —*grosso modo*— a la ingesta por parte de una persona de doscientos kilos de carne de vacuno en el transcurso del tiempo total de vuelo, que son unas veinticinco horas.

Nuestros nuevos hábitos nos hacen replantearnos, sin duda, tanto la gula de la antigua Roma como la de la aristocracia francesa del siglo XVIII.

La emisión media por habitante en India es, según el Banco Mundial, de 1,7 toneladas por año. En Bangladesh, de 0,5 toneladas.

No, dentro de poco ya no podremos seguir hablando de solidaridad y de igualdad sin tener en cuenta nuestra propia huella ecológica. Defender los valores de la justicia es un mandato que está a punto de escapársenos de las manos.

Escena 29

Simbiosis

Debería haber escrito un libro de cocina; sobre pastas, galletas y mis compositores favoritos. O una verdadera autobiografía. Los recuerdos de una cantante.

Nada sobre el agotamiento, los medicamentos y los diagnósticos.

Un libro agradable. Quizá sobre yoga. En el que, faltaría más, también mostraría mi compromiso por las agradables cuestiones medioambientales: las bolsas de plástico, el derroche de comida o cualquier otro asunto que no se considere muy incómodo o engorroso.

Un libro positivo que de ningún modo aborde asuntos como trastornos alimentarios o depresiones. Ni el hecho de que algunos días una no se levanta de la cama porque ni puede, ni quiere, ni tiene fuerzas para ello. O de que hay días en que una piensa cosas que no debería.

No debería haber escrito un libro sobre cómo me he sentido.

No debería haber escrito un libro sobre cómo mi familia se ha sentido durante largos períodos en los últimos años.

Pero tenía que hacerlo. Porque estábamos fatal. Yo estaba fatal. Svante estaba fatal. Las niñas estaban fatal. El planeta estaba fatal. Hasta el perro estaba fatal.

Y teníamos que escribir sobre ello.

Juntos.

Porque una vez que nos dimos cuenta de por qué nos sentíamos así, empezamos a encontrarnos mejor.

Teníamos que escribir sobre ello, porque estamos entre los afortunados que recibimos ayuda. Tuvimos suerte y a veces creo que saldremos de esta más reforzados. Más fuertes y enteros. Lo pienso muy a menudo.

Y ya es hora de que los seres humanos nos pongamos a hablar de cómo nos sentimos. Tenemos que empezar a decir cómo están las cosas.

Vivimos una época de sobreabundancia sin parangón en la historia. Los recursos mundiales nunca han sido mayores. Al igual que la brecha que separa a ricos y a pobres. Algunos tienen tanto, tanto, que parece una locura. Otros no tienen nada.

Al mismo tiempo, el mundo que nos rodea empeora cada vez más. El hielo se derrite. Los insectos mueren. Los bosques son devastados y los océanos y los ecosistemas han quedado exhaustos.

Igual que tanta gente a nuestro alrededor.

Gente que se ha roto como nosotros, que sigue rota. Nuestros amigos.

Los que no pudieron seguir el ritmo.

Los que no encajaron en el patrón.

Los que no tuvieron la suerte de dar con el médico adecuado.

Los que ni siquiera entraron en las estadísticas.

Todos los que realmente viven en simbiosis con el planeta que habitan. Aunque no esa de la que solemos hablar, esa vida en contacto y armonía con la naturaleza.

No, ahora se trata de una nueva armonía, de un acorde nuevo.

Se trata de gente quemada en un planeta quemado.

Y esas historias no aparecen en los libros de cocina.

Escena 30

Astrofísica

La tierra tarda veintitrés horas, cincuenta y seis minutos y cuatro mil noventa y un segundos en realizar una rotación entera sobre su eje y completar el día. A veces da la impresión de que va más rápido, pero la velocidad es así de exacta, hasta la milésima de segundo. En cambio, hay otras cosas cuya velocidad aumenta sin duda mientras giran: nuestras vidas, por ejemplo.

Cuando era pequeña, se decía que un ordenador nunca podría sustituir a un ser humano.

—¡Mira el ajedrez! —se decía—. Un ordenador no puede derrotar a una persona.

Más adelante, en 1990, apareció un hombre llamado Ray Kurzweil que sostenía que dado que la capacidad informática mundial se dobla cada año, un ordenador podría vencer al mejor jugador de ajedrez del mundo antes de 1998. Cuestión de pura lógica.

Y en efecto, así fue. El 3 de mayo de 1997, en Nueva York, en una de las partidas de ajedrez más famosas de la historia, el por entonces campeón del mundo Garri Kaspárov fue derrotado por Deep Blue, el programa informático de IBM.

Y se acabó la discusión.

Hoy Ray Kurzweil es jefe de desarrollo de Google y señala que un niño equipado con un smartphone que vive en una aldea africana tiene acceso a más información de la que tenía el presidente de Estados Unidos hace tan solo veinte años. Que los ordenadores vayan a poseer una inteligencia artificial equiparable a la humana no es tampoco más que una mera cuestión de tiempo; una obviedad matemática que se hará realidad como muy tarde en 2029. Eso dice mucho sobre la velocidad a la que nuestra sociedad cambia.

Pero no todo.

Experimentamos más, sentimos más, opinamos más. En las redes sociales debatimos cuestiones sociales a una velocidad y con una repercusión que, en comparación, la década de los noventa del siglo pasado se parece a la antigua sociedad campesina.

No dejamos descansar nada, todo lo polarizamos, todo lo llevamos al extremo.

Producimos más. Consumimos más. De hecho, cualquier cosa que hagamos, simplemente la hacemos más que antes. Mucho más.

Escena 31

*Think Big and Kick Ass in Business and Life**

Así reza el título del libro superventas del presidente estadounidense.**

¡Piensa en grande!

Donald Trump encarna lo peor de nuestra sociedad. Es el final del camino de nuestra época, pero ya llevamos tiempo viviendo en su mundo. En el mundo de los ganadores. Un mundo donde todo ha de expandirse.

El mundo es como un carrusel que da vueltas con una rapidez y un ritmo cada vez mayores.

Pero ¿qué velocidad resultará suficiente? ¿Alcanzaremos en algún momento un punto crítico, en el que ya no podremos cerrar los ojos ante aquellos que no consiguen adaptarse, aquellos que perdemos por el camino?

Aquellos a quienes sacrificamos en favor de una sociedad en continuo crecimiento. Eso que nos conduce a un nivel de vida más alto, porque la fuerza impulsora de vivir mejor, de acercarse un poco al vertiginoso estrato de los más ricos y con mayor éxito es lo que lo impulsa todo hacia delante. Sí, a veces ese discurso sobre el crecimiento incluso puede sonar bastante razonable, pero siempre y cuan-

* «Piensa en grande y mándalo todo al infierno.»

** Publicado en castellano como *El secreto del éxito en el trabajo y en la vida.*

do cerremos los ojos y, sobre todo, no bajemos la vista al suelo, porque estamos cavando nuestra propia tumba.

Porque lo cierto es que en medio de todas las curvas ascendentes de crecimiento, cada vez hay más personas que se sienten peor. La soledad no deseada se ha convertido en una enfermedad endémica crónica. El síndrome del trabajador quemado y el malestar psíquico han dejado de ser una bomba de relojería. La bomba ya ha explotado.

Escena 32

Enfermedades por estrés y días de baja

Las enfermedades psíquicas en chicos y chicas de entre diez y diecisiete años han aumentado por encima del cien por cien en una década. Según un informe de la Dirección Nacional de Sanidad y Bienestar Social de diciembre de 2017, cerca de ciento noventa mil niños y jóvenes en Suecia sufren algún tipo de problema psíquico. Las que peor están son las chicas y las mujeres jóvenes, entre las cuales el 16 por ciento ha tenido algún tipo de contacto con la psiquiatría infantil y juvenil. Casi una de cada seis chicas suecas.

El número de diagnósticos tanto de TDAH como de autismo se ha duplicado, e incluso más, en los últimos cinco años.

Se habla de decenas de miles de niños y jóvenes que no van al colegio. Además, la zona gris es grande y los números de casos que no salen a la luz son enormes, porque nadie quiere acabar metido ahí. Pero hasta con estadísticas incompletas reconocemos los contornos de una catástrofe.

Y por ningún lado se ven señales de que la tendencia vaya a disminuir. O estabilizarse.

Todo lo contrario, no deja de acelerarse.

Escena 33

Con falda y guantes de boxeo

Buscamos las causas de la situación actual. Buscamos y pensamos que en ningún lugar de la tierra la mujer es igual al hombre y que pruebas de ello se ven siempre y por todas partes. Algunos ejemplos son, por supuesto, más claros que otros, pero en cuanto empiezas a buscar, no dejas de dar con nuevos hallazgos.

Generalizando burdamente, la mujer más fuerte no puede medirse con el hombre más fuerte en términos de masa muscular o de capacidad pulmonar. Sin embargo, eso no significa que las mujeres no sean más fuertes que los hombres.

Todo depende de cómo entendemos la fuerza y qué cualidades valoramos más. Pero ya nadie puede negar que las cualidades que por tradición asociamos al éxito y a la felicidad están estrechamente asociadas a la fisiología masculina.

Más alto, más grande, más rápido, más fuerte. Y cuando decimos que queremos la igualdad de sexos, a menudo en la práctica eso conlleva que si nosotras, las mujeres, queremos triunfar, debemos adoptar esas cualidades masculinas que nunca lograremos hacer propias hasta el mismo punto que ellos. Simplemente tenemos que convertirnos en hombres.

Tenemos que competir con los hombres con sus condiciones. Al igual que en aquella famosa imagen de la mujer que se remanga la camisa y saca bíceps, debemos ser mujeres con faldas y guantes de boxeo: símbolos de una lucha que en definitiva nunca podemos ganar. Y si contra todo pronóstico lo logramos, lo más seguro es que se nos considere poco femeninas: demasiado fuertes, demasiado preparadas; y hagamos lo que hagamos, casi siempre saldrá mal y así seguirán las cosas hasta que empecemos de verdad a desenmascarar los modelos que rigen este mundo.

Esos modelos que hacen que cada segundo que pasa más y más gente se caiga del carrusel. Esos modelos que muchas veces exponen a las personas a un claro peligro de muerte porque nos obligan a convertirnos en algo que no somos para que nos clasifiquen como triunfadores. O simplemente para encajar.

Según la Seguridad Social, el número de personas de baja por síndrome de desgaste ocupacional se ha multiplicado desde 2010. Por seis. Más del 80 por ciento son mujeres.

Estas cifras hablan por sí solas. Alto y claro.

Y que no ocupen más espacio en el debate social ni en el flujo de noticias también nos cuenta una historia. Una historia que —una vez más— explica a las generaciones venideras qué y quiénes son considerados importantes.

Y qué y quiénes no lo son.

No obstante, el feminismo es un concepto muy subjetivo y muchos se sobresaltan cuando se lo menciona desde una perspectiva de sostenibilidad. La relación entre esas dos ideas merece una sección propia en cualquier biblioteca que se precie, pero en este contexto basta con constatar que las mujeres y las personas con alta sensibilidad están sobrerrepresentadas en esas negras estadísticas que reflejan la otra cara de la sociedad competitiva.

Escena 34

Una transición histórica

Nos encontramos, por tanto, en plena crisis de sostenibilidad. Pero también en una acuciante crisis climática. Ya casi nadie niega su existencia, lo cual está bien. El problema es que desde que admites que existe hasta que entiendes su alcance hay una transición larga. Muy larga.

Hoy en día la mayoría de nosotros nos hallamos en mitad de esa transición; en un espacio vacío donde todo puede continuar como si no pasara nada.

Creemos saber qué significa la crisis.

Y damos sentado que todos lo saben.

Escena 35

Una carta a todos aquellos que tienen la posibilidad de hacerse oír

Me llamo Greta y tengo quince años. Mi hermana pequeña, Beata, cumplirá trece en otoño. No podemos votar en las elecciones al Parlamento, pese a que las cuestiones políticas que ahora están en juego afectarán a nuestras vidas de una manera que no puede compararse con las cuestiones políticas de las generaciones precedentes.

Si vivimos cien años, estaremos aquí hasta bien entrado el siglo que viene, lo que suena muy raro, lo sé. Porque cuando hoy se habla de «el futuro», por lo general se hace referencia a unos pocos años. Todo lo que sea más allá de 2050 resulta tan lejano que ni siquiera existe en la imaginación. Pero para entonces mi hermana pequeña y yo no estaremos —eso espero— ni en la mitad de nuestra vida. Mi abuelo paterno tiene noventa y tres años y su padre cumplió los noventa y nueve, así que no resulta imposible que tengamos una vida larga.

En 2078 y 2080 celebraremos nuestros setenta y cinco cumpleaños. Si tenemos hijos y nietos, quizá lo hagan con nosotras. Quizá les contemos cómo era cuando éramos pequeñas. Quizá les hablemos de vosotros.

Quizá se pregunten por qué vosotros, que teníais la posibilidad de haceros oír, no dijisteis nada. Pero no tiene por qué ser así. Todavía podríamos empezar a comportarnos como si de verdad estuviéramos en mitad de la crisis en la que, de hecho, nos encontramos.

Siempre decís que los niños son el futuro y que haríais cualquier cosa por vuestros hijos. Suena esperanzador oírlo. Si habláis en serio, entonces, por favor, escuchadnos. No queremos vuestros ánimos, ni vuestros regalos, ni vuestros vuelos chárter, ni vuestras aficiones, ni toda vuestra ilimitada libertad de elección. Lo que queremos es que seáis conscientes de verdad de la grave crisis de sostenibilidad que está teniendo lugar a vuestro alrededor. Y que empecéis a decir las cosas tal y como son.

Escena 36

Lujoso tren de vida

Según la Agencia de Protección del Medio Ambiente, en Suecia emitimos once toneladas de dióxido de carbono por persona al año, si contamos tanto lo que producimos en casa como lo que consumimos en el extranjero. Según el informe Living Planet Report de WWF, nuestra huella ecológica se encuentra entre las diez mayores del mundo y si todos vivieran como nosotros harían falta 4,2 planetas como el nuestro.

Creemos que todavía tenemos posibilidad de elegir, que aún podemos contraponer distintas actividades para equilibrar las emisiones. Por ejemplo, ser vegano para poder seguir volando. O comprarse un coche eléctrico para poder seguir yendo de compras y comiendo carne. O compensar las emisiones climáticas por cosas que haremos, aunque ES NUESTRA OBLIGACIÓN hacerlas, pues desde una perspectiva de sostenibilidad, en realidad ya hemos hipotecado todo más allá de lo que podamos imaginar.

Lo cierto es que nuestro crédito ecológico se acabó cuando superamos las 350 millonésimas partes de dióxido de carbono en la atmósfera. En 1987, para ser más exactos.

Escena 37

Fruta ecológica y residuos radiactivos

«Suecia será el primer país industrializado que esté libre de combustibles fósiles», anunció el primer ministro en otoño de 2017 en su declaración gubernamental. Sonaba maravillosamente bien. Casi igual de bien como dos años antes, cuando leyó la declaración gubernamental y dijo básicamente lo mismo. Porque, con los datos en la mano, no ha cambiado mucho desde entonces.

Según un estudio de 2018 de la Naturskyddsföreningen [Asociación Sueca de Protección de la Naturaleza], el presupuesto sueco de medio ambiente asciende a once mil millones de coronas. Al mismo tiempo, el presupuesto estatal asigna treinta mil millones a subvenciones que son directamente perjudiciales para el medio ambiente, pues hacen que sea más barato emitir gases de efecto invernadero. Por tanto, con el objetivo de apagar un descomunal incendio mandamos un solo coche de bomberos lleno de agua, a la vez que enviamos tres camiones cisterna cargados de gasolina.

Pero...

«Libre de combustibles fósiles» es una expresión muy buena, radical y a la vez amigable con el crecimiento; e igual de contundente, o más, que «sostenible», aunque significativamente menos exigente. Pero, «Libre de combustibles fósiles» puede referirse a todo, desde la energía solar y la fruta ecológica hasta la devastación forestal, el comercio de emisiones y los residuos radiactivos.

Si apostamos por expresiones como «Libre de combustibles fósiles», podemos aplazar palabras como «cambio» y ampliar un montón de años el plazo para pagar nuestro coste ecológico. Después, ya no queda más que colgarse la medalla y decir que somos los mejores del mundo.

Escena 38

La letra pequeña

A menudo nos dicen que dentro de poco tendremos que arreglárnoslas con dos míseras toneladas de dióxido de carbono por persona al año. O que los suecos estamos obligados a disminuir nuestras emisiones a una décima parte de las actuales para respetar el Acuerdo de París. Pero todos estos cálculos dependen de asuntos que no podemos controlar, como los descubrimientos que aún no se han hecho, de una agricultura y silvicultura sostenibles inexistentes todavía.

O de que a nadie más de los casi ocho mil millones de habitantes de este planeta se le ocurra elevar su nivel de vida y se ponga a imitar todos esos hábitos que nosotros consideramos un derecho natural.

«La cifra de dos toneladas es desafortunada —dice Kevin Anderson de la Universidad de Upsala—. En realidad, no significa nada y creo que procede de uno de los primeros informes elaborados por el IPCC, el Grupo Intergubernamental de Expertos sobre el Cambio Climático, donde se tomaron cifras de emisiones incompletas y se dijo que debían reducirse a la mitad. Nuestra emisión de dióxido de carbono debe llegar a cero, esa es la cruda realidad.»

De modo que esas cifras de pesadilla pueden muy bien considerarse un inalcanzable escenario soñado.

No obstante, eso no significa que todo esté perdido o que sea demasiado tarde, sino que tenemos que cambiar ya nuestros hábitos.

Escena 39

Comedia onírica

La irrealidad es casi lo peor. Hay momentos en que quienes verdaderamente conocemos el asunto del clima y de la sostenibilidad nos preguntamos si hemos perdido el juicio.

Si nos hemos vuelto locos.

Hay momentos en que nos damos cuenta de que lo que constituye nuestro día a día, todo eso que llamamos «normal», a menudo no lo es, e incluso es todo lo contrario.

Todos esos instantes inaprensibles en que nos decimos que todo lo que hay a nuestro alrededor no puede ser verdad, que debe de tratarse de una escenografía.

Como una habitación de hotel con aire acondicionado en una hirviente metrópoli de millones y millones de personas. Un centro comercial con cuatrocientas tiendas. Conducir bajo una tormenta de nieve hasta que consigues la seguridad que te proporciona esa cosa tan cómoda que llamamos el túnel de Söderleden. Una tienda de alimentación con comida de cualquier parte del mundo. O la tranquilidad de cruzarte con la amistosa mirada de una azafata sueca que te saluda con la cabeza al reconocerte cuando entras en un vuelo de la SAS en el otro extremo del planeta.

Todo lo que tanto nosotros como la gente que habita nuestro día a día entendemos como normal, y que en un abrir y cerrar de ojos nos transmite seguridad, nos aleja del peligro.

Ahora todo eso se parece más a una escenografía; a un grandioso decorado de esta era de la humanidad: el Antropoceno.

La fiesta ha llegado a su fin.

El juego se ha acabado.

Y se abre una ventana y una nueva luz entra en la habitación. La irrealidad se transforma en realidad.

Telas y telones ondean al viento. Los objetos del atrezo se arremolinan en montones. Caen las máscaras y los tonos de voz, que se van apagando en el escenario y en la sala. A todo se le da la vuelta. Se pone del revés.

Nosotros, que hemos separado nuestra cultura de la naturaleza y que siempre hemos antepuesto la apariencia, de repente, hemos traspasado una frontera invisible. Uno tras otro nos vamos parando y nos quedamos inmóviles en medio del espectáculo que frenéticamente continúa representándose a nuestro alrededor.

Pero la función ya ha terminado y es hora de empezar a cambiar nuestro comportamiento. Romper la cuarta pared. Dejar de fingir.

Una sociedad que da prioridad a la superficie sobre el contenido nunca podrá ser sostenible y jamás resolveremos la crisis climática y de sostenibilidad si no nos liberamos de esta cultura que nos prohíbe hablar de cómo nos sentimos realmente; eso que durante décadas y siglos hemos elegido ignorar y barrer debajo de la alfombra.

Escena 40

El arte de mentir

«A veces las personas la liamos», declara el primer ministro refiriéndose al clima en directo desde el Parlamento sueco.

—¡Está mintiendo! —exclama Greta levantándose del sofá que está delante del televisor—. ¡¡¡Está mintiendo!!!

—¿Acerca de qué? —pregunto.

—Dice que las personas la hemos liado, pero no es cierto. Yo soy una persona y no he hecho nada. Beata no la ha liado, ni papá ni tú.

—Es cierto, sí, tienes razón.

—Solo lo dice para que continuemos como siempre, porque si todos tenemos la culpa, entonces nadie es culpable. Pero la verdad es que sí que hay un culpable, así que lo que dice no es cierto. Unos cientos de empresas son responsables de casi todas las emisiones. Y hay unos pocos hombres riquísimos que han ganado miles de miles de millones destruyendo el planeta, aunque conocían los riesgos. Por lo que el primer ministro miente, igual que todos los demás. —Greta suspira—. No todos la han liado. Son unos pocos, y para salvar el planeta tenemos que luchar contra ellos y sus empresas y su dinero y exigirles responsabilidades.

Escena 41

Crecimiento verde

Cada vez que oímos a los políticos o a los responsables de la sostenibilidad de una empresa hablar del clima o del medio ambiente siempre dicen lo mismo: debemos reducir nuestras emisiones.

Y deben reducirse. Entre un 10 y un 15 por ciento por año si queremos cumplir el objetivo de 2 °C del Acuerdo de París.

El único problema es que esas emisiones que supuestamente van a reducirse nunca —salvo en una contadísima excepción— llegan a disminuir. Y como esa contadísima excepción resulta que fue consecuencia de una crisis financiera global, quizá no resulte tan extraño deducir, por tanto, que esas reducciones no son siempre tan ventajosas para todos aquellos que piensan a más corto plazo que un museo de historia natural. Lo que incluye a grandes rasgos a todas las personas del planeta.

De modo que las emisiones siguen aumentando, pese a que hace tiempo que hemos superado en gran medida los niveles exigidos para mantener un clima estable. La última vez que tuvimos la misma cantidad de dióxido de carbono en la atmósfera, el nivel del mar, por ejemplo, era unos veinte metros más alto que hoy.

Y no, el aumento de las emisiones no es, por supuesto, ninguna casualidad. Es una elección consciente, y continuará así hasta que decidamos que nuestro único y principal objetivo ya no debe ser el crecimiento económico constante, sino la drástica reducción de las emisiones: cerrar cuanto antes los grifos del petróleo y adaptarnos a la nueva realidad a la que los expertos de todo el mundo nos remiten de modo inevitable.

Eso no significa que un crecimiento verde, sostenible, no sea deseable, posible y bienvenido.

Sin embargo, en estos momentos nuestro principal objetivo ha de ser reducir las emisiones, porque ya no contamos con ningún margen.

Escena 42

La parte aburrida

Svante está sentado frente al ordenador y se frota la cara con las manos. Tenemos ya el primer borrador del libro y estamos valorando el resultado. Se vuelve hacia Greta.

—Vale, alguien dice que la lectura se hace un poco pesada hacia la escena 41, piensa que es más divertido cuando salís Beata y tú. ¿Se puede añadir algo?

—¿Cómo? —pregunta Greta, que acaba de elegir varias fotografías de cerdos en el matadero que espera incluir en el libro en la parte en que se habla de los miles de millones de animales que viven sus cortas vidas en una cadena de montaje, porque nosotros, los seres humanos, nos hemos atribuido el derecho a industrializar la vida.

—Que si podemos escribir algo más sobre vosotras.

—No —responde con sequedad—. Ya vendrán después un montón de cosas personales y eso. El agotamiento de mamá y temas así que a todo el mundo le encanta leer sobre los famosos. Este es un libro sobre el clima y tiene que ser aburrido. Que se fastidien.

Escena 43

La historia de siempre

En gran parte del planeta está teniendo lugar una guerra informativa sobre las condiciones de nuestra supervivencia futura. Investigadores y organizaciones medioambientales dicen una cosa, mientras que la industria, el comercio y los grupos de presión dicen otra.

Por culpa del desinterés de los medios de comunicación, el ser o no ser de nuestro futuro ecológico se ha reducido a un juego político en el que la palabra de uno se opone a la del otro, en el que el más popular gana. ¿Y adivináis qué crisis climática o de sostenibilidad vende más? ¿La que exige cambios o la que dice que podemos continuar comprando y volando hasta el infinito?

¿Y detrás de qué crisis creéis que se escudan la mayoría de los políticos? El único problema es que al presentar la alternativa más popular de las dos se han omitido algunos pequeños detalles, como por ejemplo que la crisis sea una crisis y no una oportunidad para nuevos avances económicos. De modo que la mayor amenaza para la humanidad a lo largo de toda su historia se ahoga en un mar de promesas de sostenibilidad para un futuro y eterno crecimiento «verde».

Aquí no se habla de los hielos que se derriten, ni de cómo la agricultura industrial y globalizada pone en peligro nuestro futuro. Y nadie cuenta que los bosques tropicales han alcanzado tal estado de destrucción que no solo ya no son capaces de absorber el dióxido de carbono, sino que, en cambio, sueltan unas cantidades enormes de ese gas, que poco a poco envenena la atmósfera.

Una de las mejores cualidades de los seres humanos es nuestra capacidad de adaptación. Y aunque los cambios no sean precisamente de nuestro agrado, cuando nos encontramos ante acontecimientos de vital importancia casi siempre acabamos cediendo y nos adaptamos.

La sexta extinción masiva de especies del planeta, esa que ha empezado a nuestro alrededor, es un acontecimiento de vital importancia. El deshielo en Groenlandia, en el Ártico y el Antártico es un acontecimiento de vital importancia. El hecho de que hayamos vivido un período extraordinariamente insólito de estabilidad climática, que ha hecho posible el surgimiento de las civilizaciones, y que nuestro estilo de vida haya provocado que tal época haya quedado atrás es un acontecimiento de vital importancia. Sin embargo, de estas cosas no se oye hablar porque las ahogamos en un maremoto de basura.

Un nuevo orden mundial está a la vuelta de la esquina. Se hallan en juego enormes intereses económicos: mentiras, medias verdades y estadísticas creativas se comparten desde todas partes. Se contraponen unas emisiones a otras, pese a que TODAS deben reducirse de manera drástica.

Los aviones le echan la culpa a los coches. La agricultura a los aviones. Los automovilistas al transporte marítimo. Porque, claro, es siempre mucho más fácil culpar a los demás que poner orden en tu propia casa. Y es que siempre nos parece que hay otro que debería hacer mucho más que nosotros. Siempre hay alguna legislación internacional o algún pequeño detalle en el que nos concentramos en lugar de actuar. Nuestro futuro está en juego, pero nos contentamos con un «Ya, pero ¿y ellos qué?». Es cierto que las emisiones no se reducen, pero continuar como siempre ¡seguro que favorece todo y a todos!

Sí, favorece todo excepto nuestra vida futura en el planeta, claro. Pero ¿eso a quién le importa?

Hemos dejado nuestro destino en manos de la buena voluntad. Y lo hemos hecho en una época en que incluso los enfermos y los niños en edad escolar con disfuncionalidad han de generar beneficios económicos.

¿Qué puede salir mal?

Escena 44

Hipócritas

—Por lo menos, Donald Trump es sincero. Apuesta por el empleo y el dinero y le importa un comino el Acuerdo de París, y así todos piensan que es un extremista. Pero nosotros hacemos lo mismo —dice Greta.

Estamos volviendo a ver la redifusión del debate entre los dirigentes políticos en la página web de la televisión sueca.

Svante ha sacado al perro a pasear. No soporta ver ciertas cosas, se enfada demasiado.

—Nuestras emisiones están entre las más altas del mundo —continúa Greta, indignada—. Y ahí tienes a casi todos los dirigentes políticos diciendo que no debemos centrarnos en *nuestras* propias emisiones, sino en ayudar a los países vecinos, que al parecer son peores que nosotros. Pero ¡¡¡si nuestra huella ecológica es mucho mayor!!! ¿Y nadie dice nada?

Está sentada en el sofá con el portátil en las rodillas. Fuera ya ha llegado el calor veraniego, a pesar de que apenas ha empezado mayo.

—Ocupamos el octavo puesto entre todos los países del mundo —prosigue—. ¿Y debemos ayudar a otros? ¿A quiénes? ¿A Estados Unidos y Arabia Saudí, entonces, o...? Pero si somos nosotros los que necesitamos ayuda. Y los presentadores en televisión no dicen nada, porque seguramente no saben que exportamos nuestras emisiones a otros países. Nadie lo sabe porque nadie habla de eso. Todos se quejan de los datos alternativos de Trump, pero nosotros somos incluso peores que él, porque nos engañamos creyendo que hacemos cosas buenas por el medio ambiente.

Al día siguiente los periódicos hacen un análisis crítico de los datos que se dieron durante el debate. Pero se valoran cosas totalmente distintas de las que hemos hablado; por ejemplo, a qué velocidad se derrite realmente el hielo. ¿De verdad son doscientos mil metros cuadrados de hielo los que se derriten por minuto todos los meses o es posible que sea algo menos? Nadie se enfada por el hecho de que la mayoría de los dirigentes políticos reduzcan en más de la mitad las emisiones de Suecia en sus declaraciones. Greta lee el artículo durante el desayuno y comenta:

—Un día no alcanzamos el objetivo medioambiental. Otro vamos a reformar y ampliar todos los aeropuertos, triplicar los pasajeros y construir autopistas climáticamente inteligentes. Se dice que los negacionistas del cambio climático son unos imbéciles. Pero es que todos somos negacionistas. Todos.

Escena 45

Los optimistas

En el verano de 2017, seis influyentes investigadores y dirigentes de organizaciones e instituciones del ámbito medioambiental escribieron en la revista *Nature* que la humanidad disponía de tres años para invertir drásticamente la curva de emisiones y que esta debía empezar a apuntar hacia abajo, en picado. «Tres años para salvar el planeta», y si no lo logramos, el riesgo de no alcanzar el objetivo de los 2 °C de temperatura del Acuerdo de París es muy grande y, en consecuencia, de que se desencadene una espiral negativa de catástrofes medioambientales que se halla muy lejos de nuestro control.

A no ser que el mundo esté dispuesto en 2025 a cerrar casi todas las fábricas y a dejar aparcados y oxidándose todos los coches y aviones, mientras comemos lo que nos ha quedado en la despensa. Y los autores de ese texto no suelen encontrarse entre los alarmistas.

«Estos son los optimistas», escribió el *Washington Post*.

Y ha pasado un año y en ningún lugar se ven signos de los cambios revolucionarios necesarios ni del viraje que tan desesperadamente precisamos. «Suecia es un país pionero», oímos decir a menudo. Pero lo cierto es que todavía no existe ningún país pionero. Por lo menos en nuestra parte del mundo. Porque nuestra lucha climática no tiene el objetivo de salvar el clima, sino el de seguir viviendo como hasta ahora.

Escena 46

Anno domini 2017

En el año 2017, nueve millones de personas murieron por contaminación medioambiental.

Fue el año en el que más de veinte mil investigadores y científicos emitieron una severa advertencia a la humanidad: nos encaminamos hacia una catástrofe climática y de sostenibilidad; el tiempo se nos escapa de las manos.

En el año 2017, un grupo de investigadores alemanes constataron que había desaparecido entre el 75 y el 80 por ciento de los insectos. No mucho más tarde se publicó un informe en el que se hacía saber que la población de aves en Francia «ha disminuido intensamente» y que ciertas especies de pájaros se han reducido hasta en un 70 por ciento, puesto que ya no hay insectos de que puedan alimentarse.

En el año 2017, cuarenta y dos personas poseían más dinero que la mitad de la población mundial. Fue el año en el que el 82 por ciento del aumento total de riqueza en el mundo fue para el 1 por ciento más rico.

En el que el derretimiento del hielo marino y los glaciares se produjo a una velocidad récord.

En el que había sesenta y cinco millones de personas desplazadas.

En el que huracanes y lluvias torrenciales ocasionaron miles de víctimas mortales, inundaron ciudades y destrozaron naciones enteras.

También fue el año en el que la curva de las emisiones volvió a apuntar hacia arriba, a la vez que la cantidad de dióxido de carbono de la atmósfera siguió aumentando, a una velocidad que desde una perspectiva geológica más amplia solo puede parecerse a apretar el botón de hipervelocidad en un episodio de *Star Trek*.

Escena 47

No más textos sobre el clima, por favor

—La cuestión climática está que arde. Es importantísima. Pero quiero que escribas sobre otra cosa.

Una vez al mes publico una columna en *Dalarnas Tidningar* y hoy es el último día de plazo para la entrega de noviembre. Mi inteligentísima redactora en el periódico acaba de recibir otros tres mil caracteres sin contar los espacios en los que hablo del clima. Entre líneas desahoga su frustración:

—¡No quiero más textos sobre el clima!

Estamos de acuerdo con ella. Svante y yo tampoco queremos más textos sobre el clima. Yo quiero escribir sobre otras cosas. Cosas sobre las que el periódico y yo hemos acordado centrarnos. Cultura. La vida en el campo. Humanismo. Las escuelas municipales de música. Antirracismo, y en realidad cualquier tema.

Quiero ser como otros columnistas que escriben sobre todo tipo de cosas y luego, quizá, como mucho, una vez cada dos meses van a contracorriente y publican una columna sobre el clima para volver a escribir después sobre la comida en los hospitales, sobre los muecines que convocan a los fieles a la oración en la ciudad de Sundsvall o sobre cualquier otro fenómeno social del que todo el mundo hable.

Quiero opinar como hacen todos los demás cuando van enumerando los temas más importantes de cara a la campaña electoral y nombran cinco o diez asuntos diferentes que reciben muy poca atención y sobre los que deberíamos ocuparnos más. También quiero citar la amenaza climática en tercer lugar, quizá después de la escuela o de la sanidad.

Pero esto es lo que hay. Y por mucho que lo intente, no puedo. Me fascinan aquellos que consiguen comprometerse con otros temas. Sería como encontrarse a principios del siglo XX y apasionarse con cosas que no conciernen en absoluto al sufragio universal, a las condiciones de trabajo de la clase obrera, a la emancipación de la mujer o al derecho a afiliarse a un sindicato.

A excepción de que esto es mucho, mucho más dramático, por supuesto. Ya que hace cien años no teníamos delante un reloj gigantesco que medía la cuenta atrás para el destino de las generaciones futuras.

«El asunto es demasiado complejo —oímos decir a menudo Svante y yo—. No se puede asimilar.»

Y eso es verdadero y falso al mismo tiempo.

En realidad, resulta bastante fácil ponerse al día de la problemática si uno quiere. Si se está dispuesto a hacer sacrificios, a renunciar a algunos privilegios y a dar un par de pasos hacia atrás.

Porque la cuestión climática no es de ningún modo demasiado difícil o compleja para asimilarla, sino demasiado incómoda.

Sería como dormir profundamente y bien acurrucado metido en un caliente y enorme saco de dormir en una tienda de campaña anegada por la lluvia. No te apetece mucho levantarte y ocuparte del problema. Quieres seguir durmiendo. Como hacen todos los demás.

Mi última crónica en *Dalarnas Tidningar* versa sobre los periódicos del grupo editorial Mittmedia, que publican una y otra vez artículos de opinión escritos por gente que niega el cambio climático, sin después publicar otros que los contradigan. Y sobre el hecho de que mi conciencia no me permite colaborar con periódicos que dan cabida a los negacionistas del cambio climático o del holocausto.

Pero no entra en los planes de Mittmedia cambiar, por lo que me despido. Y mi última columna nunca llega a publicarse.

Escena 48

Investigación no científica

—¡Nuevo récord!

Es sábado por la mañana y Greta entra en la cocina blandiendo alegremente un folio lleno de cifras y columnas.

—Más de un 1 por ciento trata del medio ambiente o del clima. La mayoría son breves noticias o textos desfasados que todavía no han quitado de la red, claro, pero aun así...

Todo empezó cuando un conocido nuestro dijo que dentro de poco uno ya no tendría ganas de leer el periódico porque no salen más que cosas horribles: «Una crisis tras otra. Guerras, Trump, violencia, criminalidad y clima».

Greta no se reconocía en esa descripción de la realidad, pero eran muchos los que decían lo mismo: que se publicaban numerosas cosas horribles sobre el clima.

Nuestra hija opinaba que apenas se escribía nada sobre medio ambiente y sostenibilidad, de modo que decidió comprobarlo por su cuenta.

Empezó a contar con regularidad lo que los cuatro diarios más importantes escribían en sus páginas web y lo que no escribían.

¿Cuántos artículos trataban del clima y del medio ambiente? ¿Y cuántos se ocupaban de aspectos que entraban en conflicto de manera bastante directa con el tema, como, por ejemplo, viajes en avión, compras o coches? El resultado fue, a grandes rasgos, el mismo todos los días. El clima y el medio ambiente oscilaban entre el 0,3 y el 1,4 por ciento, mientras que los otros asuntos se situaban en un porcentaje mucho más alto.

Cuando uno de los mayores periódicos de Suecia anunció que iba a empezar una campaña por el clima que *se extendería a toda la redacción*, Greta siguió sus reportajes durante cinco semanas, pero el resultado no fue gran cosa.

Compras: 22 por ciento, coches: 7 por ciento, viajes en avión: 11 por ciento.

Tema climático: 0,7 por ciento.

Cada vez que lo miraba, el resultado era a grandes rasgos idéntico, con independencia del periódico que se tratase.

Greta es ese tipo de persona que quiere estar al día en aquello que considera importante, por lo que cada mañana leemos con ella las primeras páginas de los periódicos en internet.

—Apuntaré el día en el que el clima sea la noticia más importante de todas —dice.

Pero todavía no ha apuntado nada.

Y llevamos dos años mirando.

Escena 49

El principio de proximidad

Salimos con los perros, damos un paseo hasta el parque que hay detrás de la Fleminggatan. Svante mira de manera rutinaria el móvil que lleva en la mano. El verano de 2017 ya ha terminado y Moses tiene una nueva amiga, una hermana que adoptamos hace medio año.

Roxy es una labrador negra como el azabache igual o más desobediente y cariñosa que su hermano mayor. Si no fuera por el entusiasmo de los voluntarios de Hundar Utan Hem [Perros sin Casa], habría acabado sus días en una jaula en el sur de Irlanda. En cambio, aquí está, olfateando con Moses cada brizna de hierba que se cruza en su camino. No se cansan nunca.

Desde el punto de vista climático, el verano ha sido bastante flojo, no notamos nada de las mortales olas de calor del sur de Europa; y eso que julio fue el segundo mes más caluroso jamás registrado en la tierra. Y ahí estábamos, con unas temperaturas razonablemente moderadas, sin extremos, paseando la mar de tranquilos. Todo muy sueco.

Durante las últimas semanas, sin embargo, nuestro flujo de noticias se ha llenado de unas cantidades de agua que han sido de todo menos moderadas.

«Es un montaje», sostienen los negacionistas del cambio climático en Twitter. Pero las fotografías de Houston, en las que viaductos enteros de las autopistas se habían convertido en lagos de diez metros de profundidad, lamentablemente no podían ser más reales.

Tampoco las cosas estaban muy tranquilas ni moderadas en Sierra Leona. Vemos un vídeo en el móvil mientras los perros continúan olisqueando y tironeando de las correas. En Sierra Leona había llovido el triple de lo normal.

—Aquí estaba nuestra casa —dice el hombre en el informativo que estamos viendo en el pequeño televisor—. Aquí vivíamos —continúa mientras señala con el dedo una pendiente de lodo gris rojizo.

La cámara hace un barrido por lo que solo unas semanas antes era un barrio entero a las afueras de la capital, Freetown, del cual ahora no se ve el menor rastro de edificación: ni cimientos, ni chimeneas, ni restos de coches. Solo barro. Solo un barro de un gris rojizo que ha dejado el corrimiento de tierra.

El hombre cuenta cómo echa de menos acostar a sus hijos por las noches.

Cómo echa de menos cantarles nanas.

Ha perdido todo eso.

A su mujer, a sus hijos, su casa, y ahora da vueltas por lo poco que queda de su pequeña parte del mundo mostrando la devastación a un periodista de la televisión británica. Pero no hay nada que enseñar. Solo una pendiente de un lodo gris rojizo y al fondo, moviéndose lentamente de un lado a otro, algunos voluntarios de ayuda humanitaria. Por lo demás no hay nada. Aquí vivían miles de personas. Aquí las familias tenían un día a día.

Una vida.

La gente se despertaba por las mañanas y desayunaba y llevaba a los niños al colegio antes de ir al trabajo.

Gente como nosotros.

El periodista llora y se esfuerza por contar el trágico destino del hombre, pese a que quizá ya sabe que esto también va a anegarse, aunque en otro tipo de barro: en un barro occidental llamado el flujo de noticias y principio de proximidad.

Intenta hacer un reportaje que conmueva, pero el hombre de Regent, el barrio de chabolas de la ladera del monte Sugar Loaf en

Sierra Leona, no parece nada interesado en complacer al lloroso reportero. Se limita a quedarse ahí impasible.

Algunos se conceden ciertos lujos. Otros ninguno.

Más de mil personas murieron en la ladera del monte Sugar Loaf a consecuencia de un tiempo extremo. El hombre de Regent lo ha perdido todo y delante de la cámara de televisión ni siquiera se lamenta.

Escena 50

El valor fundamental del ser humano

«Detrás de todo esto están los cambios climáticos», declaró el presidente de Colombia en abril de 2017 al comentar la muerte de cientos de personas a raíz de los desprendimientos de tierras debidos a unas violentas y excepcionales lluvias torrenciales que afectaron a Colombia y a su país vecino, Perú.

Pero pocos lo escucharon. Y mientras se difundían las temblorosas imágenes en las que torrentes de lodo de varios metros de profundidad arrasaban las calles de los pueblos a cincuenta kilómetros por hora —como la lava tras la erupción de un volcán—, las redacciones de noticias del mundo occidental mostraron un interés, por decir algo, moderado. Esos vídeos suscitaron la misma escasa atención que todos los otros miles de historias en las que la gente corre una suerte muy parecida.

En el lenguaje del periodismo, esto se define como «principio de proximidad», e implica, por ejemplo, que un ataque terrorista que ocurre en Francia se convierte en una noticia significativamente más importante que una catástrofe similar en Irak, porque se entiende que Suecia tiene más en común con Francia que con Irak.

Eso significa también que cuando se desencadenan fenómenos climatológicos extremos cuesta mucho que se conviertan en noticia, a no ser que sucedan en Europa, Estados Unidos o Canadá, ¡o Australia!

Pues, según el principio de proximidad, Australia a menudo se considera mucho más próxima a Suecia que, por ejemplo, Lituania, pese a que Lituania no solo es un país vecino, sino también miembro de la misma unión política que nosotros.

Diferentes países tienen un valor diferente. Los ciudadanos de países diferentes tienen un valor diferente. Al menos en el sentido del valor informativo. Y no puede descartarse que ese valor informativo se contagie a otros valores. Por ejemplo, al valor del ser humano. Pero ¿qué sabré yo?

Y es que el tiempo meteorológico es solo el tiempo, algo aislado dentro del contexto de las noticias, un fenómeno independiente de las acciones humanas. Así ha sido siempre. Hasta ahora, cuando los científicos del mundo establecen claros paralelismos entre nuestras emisiones de gases de efecto invernadero y ese aumento del tiempo extremo del que somos testigos en todo el planeta.

Hoy podemos leer numerosas aportaciones al debate en que destacados expertos explican que el calentamiento global produce en el mal tiempo más o menos el mismo efecto que los esteroides anabolizantes. Nuestras emisiones hacen que el mal tiempo sea mucho más extremo; la relación es clara y está bien reconocida.

En esa relación debe basarse la elección de las noticias sobre las que informar y el modo en que lo hacemos.

Escena 51

La misma enfermedad, diferentes síntomas

Al ver que en los medios de comunicación suecos no se ha escrito ni una sola línea sobre los desprendimientos de tierras en Sierra Leona, empezamos a compartir el vídeo en Twitter e Instagram. Pero enseguida una llamada telefónica nos lleva de vuelta a nuestra realidad.

Greta está triste. No ha tenido una sola clase en todo el día, porque no ha aparecido ningún profesor.

Todavía le faltan profesores en varias materias y debemos concertar otra reunión urgente con la dirección del colegio. Está decepcionada pues cuando por fin le tocó una buena profesora en ciencias, dejó de dar clase al grupo de Greta porque quería tener los lunes y viernes libres.

—Se supone que debe ser un colegio para niños con necesidades especiales, pero no lo es —dice Greta suspirando—. Es un colegio para profesores con deseos especiales.

De modo que es hora de volver a casa con los perros y empezar a llamar por teléfono e intentar que el día a día funcione de nuevo. Pero el director, por lo visto, se encuentra en Filipinas, y no hay nadie que sepa explicar por qué el horario se ha cambiado cuatro veces en dos semanas.

—Déjalo estar o te derrumbarás —dice Svante cuando miro con desesperación por la ventana hacia la Fleminggatan, bañada en la suave luz de la primera hora de la tarde.

Pero no puedo dejarlo estar, porque si lo hago otra persona deberá encargarse de ello y esa persona no existe. Entiendo lo que Svante quiere decir, pero no soy capaz de dejarlo estar, me resulta imposible.

Por la noche, una vez que ya se han dormido todos, me siento en el sofá y me echo a llorar, dando rienda suelta a toda la ansiedad que guardo en mi interior.

El llanto sube desde dentro como un torrente y cae en mis manos como en un maremoto de tristeza y dolor y náuseas.

Toda la frustración de no poder perder nunca el control. Después me acuerdo de los mensajes que no he tenido tiempo de enviar para informar de la situación en el colegio a todos los maestros y pedagogos a quienes no he conseguido localizar por teléfono, y escribo hasta que se me duermen las manos y el teléfono se bloquea y pierdo la sensibilidad en los brazos y lo odio todo, me odio a mí misma y a todo el mundo.

No tengo fuerzas para explicar más a nadie más.

No tengo fuerzas para pedir ayuda.

Debo preparar la masa de los gofres para el desayuno y comprar melatonina y Oxazepam y llamar al médico, que está de vacaciones. En esta familia hay que discutir por todo y me siento triste y preocupada, con una ansiedad que pesa como si tuviera dos toneladas de cemento en el pecho, y no puedo más.

Tiene que salir. Yo tengo que estar bien.

Me quedo despierta en la cama leyendo sobre personas que lo pasan mucho peor que yo.

Leo sobre la gente quemada en un planeta quemado donde el tiempo, el viento y la vida cotidiana crecen en intensidad a diario.

Y pienso que todo esto son síntomas de la misma enfermedad: una crisis planetaria que se produce porque nos hemos dado la espalda. Le hemos dado la espalda a la naturaleza.

Nos hemos dado la espalda a nosotros mismos, pienso una y otra vez hasta que me quedo dormida.

En una cama lejos de las ciudades anegadas por la lluvia y del lodo en el monte de Sugar Loaf, en Sierra Leona.

Escena 52

Aguafiestas

El 6 de marzo de 2016 cogí un avión para volver a casa tras un concierto en Viena y poco después decidí quedarme en tierra para siempre. Era necesario en un ambiente político en que no podías posicionarte a favor o en contra de algo sin que te oyeras decir: «Ya; y tú, ¿qué?».

Porque tan grande es nuestro desprecio por la hipocresía que preferimos sacrificar la única forma de vida inteligente conocida en el universo antes que dejarnos guiar por nuestra buena voluntad, por imperfecta que esta sea.

Era una decisión necesaria para que nos escucharan. Porque si no nos escuchan, ¿cómo vamos a poner en marcha la mayor movilización de la historia?

El asunto de volar resume todo el debate sobre el clima; el resultado de los estudios científicos habla muy claro, pero aun así no queremos escucharlo. Sin embargo, no es solo una cuestión de dejar de volar.

Se trata también de que las especies del planeta se extinguen a un ritmo cerca de mil veces mayor del que se considera normal.

Se trata de que todas nuestras emisiones deben reducirse a cero y luego descender directamente bajo cero gracias a unos inventos que aún no existen. Se trata de que no sabemos gestionar de manera sostenible unos hábitos extremos que damos por sentados. Como, por ejemplo, el de desplazar cientos de toneladas de chapa alrededor del planeta en apenas unas horas.

—Mi favorito es este —dice Greta soltando una carcajada—. Si vamos a dejar de volar, los trenes tienen que mejorar. ¡Eso dicen todos! Y eso significa en la práctica que la mera idea de tener que aguantar un posible retraso nos resulta tan absurdo que preferimos destrozar las condiciones de vida para las generaciones futuras a correr ese riesgo. —Greta sigue a Roxy con la mirada, se queda callada unos segundos y luego prosigue—: Están tan acostumbrados a que todo se adapte a sus propias necesidades... Las personas son como niños mimados. Y luego se quejan de que nosotros, los niños, somos unos vagos y unos malcriados. Sé que los que tenemos Asperger no somos capaces de entender la ironía, porque eso dice el manual que algunos tipos han escrito sobre gente como yo; pero no creo que exista un ejemplo de ironía mejor que este.

Escena 53

«Como un meteorito con conciencia»

En Facebook acaba de publicarse un nuevo vídeo de un informativo danés donde el presentador le pregunta al invitado en el estudio si dejar de volar no le parece un comportamiento un poco fanático.

«Pienso que es más propio de fanáticos creer que podemos vivir con cuatro grados más de calor —contesta el invitado en inglés—. El verdadero fanatismo es pensar que podemos seguir viviendo como lo hacemos, con los estándares de la pequeña élite que representamos. De modo que dejar de volar es más bien lo contrario.»

Aproximadamente el 3 por ciento de la población mundial se permite el lujo de subirse a un avión cada año, a pesar de que volar es con diferencia lo peor que de manera individual se le puede hacer al clima.

El invitado del informativo danés no pertenece a ese 3 por ciento. Se llama Kevin Anderson y es consejero del Gobierno británico para la cuestión climática. Es profesor en la Universidad de Mánchester, profesor visitante en la Universidad de Upsala y director adjunto del internacionalmente reconocido Tyndall Centre for Climate Change Research. Y dejó de subirse a los aviones en 2004. «Es como si tuviésemos un pastel —suele decir—. Para limitar el calentamiento global a 2 °C tenemos un pastel de dióxido de carbono limitado, que contiene todo el que podemos emitir. Una vez que se ha acabado el pastel, ya no hay más. De modo que el pequeño trozo que todavía nos queda ha de repartirse de manera justa entre todos los países del mundo.»

La idea de un pastel común es tan sencilla como —en el auténtico sentido de la palabra— revolucionaria. Porque, claro, un presupuesto acarrea antes o después alguna forma de racionamiento.

Y ya en esa idea encontramos, para empezar, el principio del fin del orden mundial neoliberal que Margaret Thatcher y Ronald Reagan iniciaron hace cuarenta años. Ni siquiera es una teoría, es matemática básica.

El Dilema, con mayúscula, es que en ese pastel común están, uno al lado del otro, tanto nuestros todoterrenos urbanos, los viajes de vacaciones y el consumo de carne como la construcción de carreteras, hospitales e infraestructuras para miles de millones de personas que hasta ahora no han hecho nada para provocar los problemas a los que nos enfrentamos.

Y cada vez que decidimos volar, comer carne o comprar ropa nueva, ello implica una reducción en el presupuesto de carbono necesario para aumentar el bienestar en las partes del mundo menos afortunadas que la nuestra. Todo esto según las diferentes conferencias de Anderson, que están disponibles en internet.

Sin duda, resulta muy difícil asimilar estos datos, pero ya no podemos permitirnos el lujo de mirar hacia otro lado y fingir que la encrucijada existencial no existe.

La vertiginosa devastación de la sociedad actual conlleva muchas repercusiones para el planeta que habitamos, que tomadas por separado ya hubieran supuesto un reto más que difícil. El verdadero problema es que lo hacemos todo a la vez, a la mayor velocidad posible. El ser humano, dice Kevin Anderson, es «como un meteorito con conciencia».

Escena 54

#MeQuedoEnTierra

Quedarse en tierra provoca una reacción en cadena. Y provocar una reacción en cadena es lo mejor que podemos hacer los seres humanos; al menos en todos esos días en que no hay elecciones generales en Suecia.

Un amigo me pregunta qué viajes en avión son innecesarios. «Los míos», respondo. Igual de innecesarios que mis compras o mi consumo de carne.

Y no, nadie está diciendo que eso vaya a ser suficiente. Nadie cree que el poder del consumidor sea la solución. Sin embargo, si mi microscópica aportación de alguna manera puede acelerar una política climática más radical, a mí me vale.

Pero cada uno tiene su propia vida.

Cada uno ya tiene bastante con sus propias e imposibles ecuaciones.

No se puede pedir que estudiemos y analicemos por nuestra cuenta una crisis que nadie admite. Esa responsabilidad nunca puede recaer en nosotros como individuos.

El asunto del transporte aéreo lo lleva todo a un extremo, pero la sociedad del crecimiento no acepta que para avanzar en ocasiones hay que dar unos pasos hacia atrás.

Solo importa ir hacia delante.

Escena 55

En la consulta de la psicóloga

—¿Cuál es la capital de Francia?

No me acuerdo.

—¿Cuál es el monte más alto de Suecia?

No lo sé.

—¿Quién es el presidente de Estados Unidos?

Estamos en 2016 y me encuentro en la consulta de una psicóloga para someterme a un examen neuropsiquiátrico. Tras cientos de horas de lectura estoy bastante segura; después de miles de páginas me he formado una idea bastante clara, no solo de mis hijas, sino también de mí misma. Pero quiero verlo por escrito.

No es que crea que vaya a cambiar algo, pero de todos modos quiero saberlo.

Aunque solo sea porque quizá ayude a las personas de mi entorno. Sin embargo, siendo sincera, ahora mismo eso me importa un pimiento: estoy demasiado cansada y triste, pero se me ha ocurrido que quizá alguien ahí fuera ha pensado algo que consiga darme las fuerzas necesarias para levantarme de la cama por las mañanas.

Algo que haga que las piernas me sostengan. Algo que me haga ver más allá de esta desesperante y maldita oscuridad que hay por todas partes. De modo que relleno los papeles. Contesto las preguntas. Por enésima vez.

La psicóloga no para de hablar, pero apenas oigo lo que dice o, mejor dicho, la oigo, pero soy incapaz de responder. Los pensamientos se quedan como atrapados. Quiero pedir un vaso de agua, pero no me acuerdo de la palabra que designa el objeto en el cual se bebe.

Vaso.

No debería ser difícil en absoluto, pero es como si la palabra ya no existiera. Se ha ahogado en el ruido.

Para mí todo es música, siempre ha sido así, aunque siempre he podido apagarla y encenderla cuando he querido. Sin embargo, ahora ya no puedo. El diagnóstico ha tomado el mando. Intento apartar los pensamientos a un lado, pero el ruido se cuela dentro y lo atraviesa todo, por todas partes y todo el tiempo.

Mi don y mi maldición.

Mi superpoder, que casi siempre ha sido un gran activo, pero que ya no puedo controlar, porque ahora toda mi energía la dedico a intentar que todo y todos funcionen.

—¿Quién es el presidente de Estados Unidos? —repite la psicóloga, pero lo único que oigo es que sigue hablando de manera muy monótona en sol menor.

Hay una ventana entreabierta y fuera cantan unos pájaros en fa9 con la tercera en el bajo y la novena en la octava séptima. Suena desafinado. Está un poquito alto todo el tiempo y me molesta tanto que no puedo oír lo que la psicóloga dice. Duele, físicamente.

Por la calle pasa una motocicleta en sol, fa, re, mi, mi bemol y suena demasiado bajo comparado con el acorde fa9 de los pájaros. Una puerta que chirría, un cuaderno y el arrastrar de una silla forman un clúster tonal que hace que todo mi cuerpo se estremezca de dolor.

Quiero de verdad pedir un vaso de agua. Trago y parpadeo a cámara lenta.

Los dedos se me adormecen y la psicóloga hace un descanso y sale de la sala; le digo que me quedo aquí para echarle un vistazo al móvil, pero me limito a permanecer sentada en la silla con los ojos cerrados.

No tengo fuerzas para levantarme.

Vuelve y dice que probablemente tengo TDAH y que doy muestras claras de depresión y síndrome de desgaste profesional. Sin embargo, el informe definitivo llevará su tiempo. De camino a casa, me arrastro hasta la farmacia, pero los medicamentos se han acabado.

—Esta prescripción no nos ha llegado —dice la farmacéutica con voz nasal entre sol mayor, sol sostenido, la y si bemol.

Una cremallera, un cajón que se cierra, un niño que llora y un camión en la calle justo en la puerta forman un desparramado acorde de séptima mayor con quinta en el bajo. Me molesta terriblemente que el motor del camión no ronronee en la tónica.

El Variargil de Beata también se ha terminado y eso es casi inasimilable. Sin esas pastillas, apaga y vámonos. Sin ellas todo se derrumba.

—Ahora lo hay en solución oral. ¿Habéis probado el nuevo sabor? —pregunta la farmacéutica.

No, no hemos probado el nuevo sabor y tampoco la solución oral porque es más probable que Beata y Greta aprendan a respirar debajo del agua que logren tomarse un medicamento líquido.

—Queda un envase en la farmacia Kronans en Skärholmen.

Sin embargo, no me da tiempo a ir a Skärholmen ahora porque Greta me acaba de mandar un mensaje en el que dice que el personal del colegio le ha tirado el arroz a la basura: el táper no llevaba una pegatina con la fecha, algo que es obligatorio. La compulsión de Greta le impide comer cuando ve periódicos, papel o pegatinas, por lo que es difícil ponerle una pegatina a la comida que lleva al colegio y que preparamos en casa. Lo hemos explicado ya mil veces y ahora Svante va camino de Bergshamra para recogerla y yo tengo que volver a casa a preparar más arroz basmati.

Pero primero tengo que conseguir el medicamento.

Llamo a un viejo amigo médico que ahora está jubilado y que me ha salvado muchas veces, pero no tiene ordenador y no puede ayudarme.

Rebusco en mi bolsa alguna de sus antiguas recetas escritas a mano y saco un montón de monedas, los pasaportes de las niñas, resguardos de compra, dos gomas para el pelo y dos bolsas rosas para cacas de perro, pero los dedos no quieren agarrar y el ruido que hace todo cuando cae de nuevo en el bolso parece un disparo.

El móvil suena al mismo tiempo que se oye la señal de entrada de mensajes. Dos correos electrónicos. El sonido corta como un cuchillo en los oídos. Intento sacar el móvil para apagar la llamada, pero los dedos no logran agarrar nada. Es como en mi pesadilla recurrente, donde estoy en mitad de una guerra y debo avisar a Svante y a las niñas, pero soy incapaz de escribir en el teléfono o de localizar sus números.

Tengo calambres en los dedos.

No consigo coger el maldito teléfono.

Intento desbloquearlo con la barbilla.

No puedo.

Salgo de la farmacia para ir al súper y comprar la merienda para las niñas. Y el aire lo es todo.

Respirar.

Pero el aire no es suficiente.

Cuando el nivel de estrés aumenta, se reduce la aportación de oxígeno, y aunque soy capaz de mantener un tono durante un minuto sin necesidad de respirar, ahora la capacidad pulmonar no basta para llevar oxígeno al cerebro y a los músculos y me estreso aún más, de modo que todavía recibo menos oxígeno y resulta difícil pensar con claridad. Ya no puedo más.

Estoy de pie en plena calle enfrente del centro comercial Västermalm y terriblemente cansada de todas mis discapacidades ocultas... De todos mis malditos problemas invisibles. Ojalá se me rompiera algún hueso. Una buena fractura, o una neumonía, o cualquier otra cosa que me obligue a ingresar en un tranquilo hospital durante varias semanas y así poder dormir.

Respirar.

Descansar.

Escena 56

El club de los poetas muertos

Hubo un tiempo en que el *carpe diem* suponía pescar el día con salabre y caña; ahora barremos el fondo de los océanos en nuestra incesante búsqueda del desarrollo personal, de conseguir realizarnos y de buscar nuevas experiencias. No existe ninguna limitación. Todo es posible.

«Venecia, Maldivas y las Seychelles se hunden en el mar, los glaciares se derriten, los bosques tropicales se deforestan y la seca California arde. Aprovecha para visitar estos lugares maravillosos, aunque climáticamente amenazados, antes de que desaparezcan para siempre.»

El texto es demasiado bueno para ser verdad.

Podría haberse sacado de una viñeta satírica del dibujante Max Gustafson, pero, como ya se sabe, la realidad supera siempre la ficción: la cita está sacada de la portada del suplemento *Perfect Guide* del diario *Svenska Dagbladet* en 2018.

El turismo climático es un fenómeno muy real que representa una significativa fuente de ingresos, aunque por razones naturales limitada en el tiempo, para personas de muchos lugares vulnerables. Como las barreras de arrecifes de coral a lo largo de las costas de Belice y de Australia, las nieves del Kilimanjaro y, claro, toda la zona del Ártico.

¡¡¡Venid a verlo antes de que desaparezca!!!

Casi una generación entera vio a Robin Williams en su papel protagonista en la película *El club de los poetas muertos*, de 1989, cómo enseñaba a sus alumnos el significado de la expresión *carpe diem*.

Fue un buen profesor. Y nosotros unos estudiantes extraordinarios. El muro de Berlín cayó, las fronteras se abrieron y el mundo se fue encogiendo vertiginosamente.

Los billetes de avión se abarataron, el bienestar aumentó y de repente la expresión «escapada de fin de semana» no solo pertenecía al vocabulario de la gente adinerada de la calle Strandvägen de Estocolmo.

Naturalmente, no todos podían permitirse sufrir un poco de jetlag a cambio de la posibilidad de comprar como locos en Manhattan durante cualquier fin de semana de octubre. Pero bastantes sí podían.

No todos podían permitirse ir a una playa en el Sudeste Asiático en los momentos más fríos del invierno sueco. Pero bastantes sí podían.

Bastantes más de los que nunca hubiéramos podido imaginar cuando salimos de los cines aquel otoño con las palabras de Robin Williams ya bien metidas hasta la médula.

«Carpe diem», dijo el pobre Robin, y nosotros salimos al mundo e hicimos justo eso.

Sin embargo, no aprovechamos solo el día. Aprovechamos al máximo semanas, meses y años enteros. Todo a la caza de esa exótica puesta de sol al fondo con una copa en la mano, esa cocina nueva de diseño danés y esos pares de zapatos imposibles de comprar en ningún sitio en nuestras tierras septentrionales.

La realidad siempre supera la ficción.

Escena 57

Día de gofres

Ha pasado algo más de un año desde que la curva de peso de Greta volvió a subir. Ahora come lo mismo todos los días. Dos tortitas acompañadas de arroz a la hora del almuerzo, que calienta en el microondas y que come sola en la zona de recreo del colegio. Toma primero una cosa y luego otra, todo en orden, y nunca añade salsas ni condimentos; ni mermelada ni mantequilla. Lo que ingiere tiene que estar sin aliñar, porque Greta es muy sensible a los sabores y a los olores. Para cenar toma sopa de fideos de soja, dos patatas y un aguacate.

A Greta, simple y llanamente, no le gusta comer cosas nuevas. Sin embargo, le encanta oler platos diferentes. Cuando se hallaba en los peores momentos de su trastorno alimentario, podía tirarse horas recorriendo toda la despensa oliendo cada uno de los envases, y si en alguna ocasión comemos fuera, huele todas ensaladas del restaurante o el bufé del desayuno. Si no hay bufé, encuentra otras cosas que oler.

Un día, en el súper, hay una vendedora ofreciendo muestras de gofres con mermelada y nata. Greta se acerca y huele los diez pequeños gofres ya preparados expuestos sobre una mesa.

—¡Bueno, bueno! Pues, ahora te los tienes que comer —dice la mujer después de que Greta casi haya metido la nariz en la nata de los gofres.

Greta se queda petrificada ante la llamada de atención de la mujer.

—Tiene Asperger —intervengo—. Y mutismo selectivo. Solo habla con los familiares más cercanos y sufre un trastorno alimentario; así que no puede comérselos. Pero le encanta oler cosas —explico intentando disculparme y parecer lo más amable posible.

Sin embargo, la expresión de la dependienta apenas se suaviza.

—Pues entonces te los comes tú —dice.

—Perdón. No volverá a pasar.

—Que te los comas tú —repite la vendedora, con una agresividad tan inesperada que no veo más opción que comerme de inmediato cada uno de los minigofres con mermelada y nata, mientras Greta espera a una distancia estratégica de la señora, de mí y de toda la gente que pasa y observa la escena pasmada.

Salimos a la Fleminggatan y miro a Greta.

Ella desvía la vista.

—¿Qué pasa? —dice—. Uno tiene que poder oler, ¿no?

Escena 58

Coautismo

«Como padres es importante no dejarse llevar por el diagnóstico, porque de lo contrario podemos convertirnos fácilmente en coautistas, y si dejamos que el trastorno ocupe demasiado espacio, el problema aumentará.»

Bueno, pues ya ves cómo nos va...

Hemos oído esa advertencia desde el principio, mucho antes de que sospecháramos que el diagnóstico era solo eso, un diagnóstico.

Muchas de nuestras discusiones tienen que ver con ello. Yo quiero desafiar al destino, investigar, averiguar cosas. Si puede ser, antes de que sucedan. Svante quiere esperar y dar un poco de tiempo a todo. Suele ser así en la mayoría de las familias, dicen los psicólogos a quienes hemos consultado.

Entendemos todo eso del coautismo y es verdad. Pero hay días en los que optamos por no entenderlo. Hay días en los que nos importa un comino la lógica. Y no porque eso haga que las cosas sean más fáciles de manejar, sino porque a veces el diagnóstico lleva razón y la norma está equivocada.

Escena 59

Tic tac

Nada es blanco o negro. El mundo es complejo.

Siempre hay varias verdades y en una sociedad abierta todas las voces deben tener la oportunidad de que se las escuche por igual. La imparcialidad, que es la base para las democracias en nuestra parte del mundo, es en muchos sentidos genial. Excepto cuando se dan esas situaciones en que todo, de hecho, es blanco o negro.

Como la vida o la muerte.

O esos temas en que la zona gris está cargada de unos riesgos tan grandes que debería quedar completamente descartada por cualquiera con el más mínimo sentido común. La crisis climática y de sostenibilidad dista mucho de ser simple y de hallarse exenta de complicaciones.

Pero en muchos sentidos es blanca o negra.

Porque o bien cumplimos el objetivo de los 2 °C del Acuerdo de París y evitamos que se ponga en marcha una catastrófica reacción en cadena muy alejada de nuestro control, o bien no lo cumplimos.

Más blanco o negro resulta imposible.

Incluso hay un reloj que lleva la cuenta atrás del tiempo que nos queda hasta que sea demasiado tarde para cumplir el objetivo. El reloj se basa en las cifras oficiales de la ONU y en el momento de escribir estas líneas marca dieciocho años, ciento cincuenta y siete días, trece horas, veintidós minutos y dieciséis segundos.

En el momento de escribir estas líneas los más reputados investigadores calculan que, aproximadamente, tenemos un 5 por ciento de posibilidades de cumplir el objetivo de los 2 °C.

Escena 60

«Ladies all across the world,
Listen up,
we're looking for recruits.
If you're with me,
let me see your hands,
Stand up and salute»*

Little Mix

Beata no quiere ir a la clase de educación física porque en ella los alumnos y alumnas tienen que lanzarse la pelota con fuerza y eso hace daño. No quiere ir a la clase de educación física porque hay que practicar diferentes deportes cuyo objetivo es derrotar al otro; deportes que a los chicos y chicas les encantan y en los que todos gritan y se empujan. Beata no entiende por qué, en lugar de eso, no pueden bailar, si lo importante es el ejercicio y la motricidad.

Beata baila todo el tiempo en casa, pero en la clase de educación física nunca le dejan hacerlo.

Tampoco quiere ir a la clase de manualidades de madera, porque la aterrorizan las máquinas, ni jugar a las cartas en los recreos, porque nadie entiende sus reglas, según las cuales la reina siempre gana al rey.

* «Chicas de todo el mundo, escuchad: buscamos reclutas. Si estáis conmigo, dejadme ver las manos, poneos en pie y saludad.»

—¿Por qué siempre valen más los chicos que las chicas? ¿Por qué hay que reírse siempre de las bromas de los chicos y por qué hay que hacerse oír y ver, cuando en realidad siempre son a ellos a los que se los oye y ve más? —pregunta Beata antes de girarse hacia mí y continuar—: Mamá, ¿de qué decías que iba todo?

—De estructuras de la sociedad patriarcal —contesto.

Escena 61

El Orgullo Gay en Moscú

Unas horas antes de la final de Eurovisión en Rusia en 2009, se celebró una manifestación del Orgullo Gay en las calles de Moscú. Era un maravilloso día de principios de verano y todos los artistas seguíamos el festejo por las redes sociales desde el estadio donde nos encontrábamos. Estaba a punto de empezar el ensayo general cuando se difundió la noticia de que la policía rusa había interrumpido el desfile y había detenido a unos ochenta participantes.

Todo el mundo lo sabía. Entre bastidores no se hablaba de otra cosa.

«El desfile socava la moral de la sociedad», declaró el funcionario responsable.

Era a nuestro público al que se había echado con violencia de los alrededores del estadio y a mí me resultó de lo más natural expresarles mi apoyo, así como mi desprecio hacia las autoridades rusas.

«Shame on you, Russia»,* dije pensando que no podíamos hacer un programa de entretenimiento, mientras una parte del público era arrestada por manifestarse en defensa de unos derechos humanos básicos.

Pero, por supuesto, se podía.

Al parecer, solo España y yo habíamos manifestado nuestra solidaridad hacia nuestros fans encarcelados, mientras los demás mostraban un desconocimiento y un desinterés estratégicos.

* «¡Qué vergüenza, Rusia!»

«No politics in Eurovision», decían todos. Como si el derecho a amar a quien uno quiera fuera una cuestión política.

El jurado colocó a España en último lugar y a mí en el antepenúltimo. Y aquel soleado sábado en Moscú fue un verdadero día de trabajo asqueroso.

Cuando todo terminó, se esperaban conferencias de prensa y exclusivas con los periodistas suecos en el autobús de los artistas. Al día siguiente yo tenía que cantar de nuevo *La Cenerentola* en la Ópera de Estocolmo, y estaba impaciente por marcharme. Por volver a casa con las niñas.

—Ahora intenta no parecer triste —insistían todos—. No llores hasta que el autobús quede fuera del alcance de los periodistas.

—Y no digas nada de que estás decepcionada —añadió alguien.

Lo entendí e hice justo lo que me pidieron. Que nos encontráramos en una dictadura que encarcelaba a homosexuales ya no importaba; ahora se trataba de no aparecer como una perdedora.

Ahora se trataba de no llorar. De no mostrarse débil.

Escena 62

Éxito digital

—No, no contestes. Si no, te pasarás toda la tarde discutiendo con un robot ruso programado para agotar a gente como tú.

Greta ha accedido a una de sus cuentas de Instagram sobre derechos de los animales y está exponiendo sus argumentos favoritos a sus antagonistas favoritos. Los negacionistas del cambio climático, los optimistas tecnológicos y, sobre todo, los veganos que suben a un avión a menudo y vuelan muy lejos para salvar el mundo con nuevas y exóticas recetas. Parece contenta.

—Hala —dice satisfecha abriendo los ojos como platos—. Ahí le he dado.

—No tienes que contestar —insiste Svante—. Es una pérdida de tiempo. ¿Qué has escrito?

—Era un piloto estadounidense que se hizo vegano por los derechos de los animales..., como si los animales no necesitaran también una atmósfera funcional —responde nuestra hija—. Y ha dicho que la crisis climática se debe a que somos muchos.

—Vale. ¿Y le has respondido como siempre?

—Mmm... —Greta asiente con la cabeza, sonriendo con toda la cara.

Tiene guardadas algunas respuestas estándar tanto en sueco como en inglés, y una de ellas trata justo de la problemática de la población, que es un argumento recurrente: «El problema son nuestras emisiones. No las personas. Cuanto más rico eres, mayores son tus emisiones. Por lo que si queremos limitar la población para ahorrar recursos, deberíamos poner en marcha una campaña para librarnos de todos los multimillonarios. Podemos llamarla "¡¡Matemos a Bill Gates y prohibamos que tengan hijos a todos los directivos y estrellas de cine!!". Pero como seguramente será un poco difícil que la ONU apruebe una resolución así, recomiendo que reduzcas tus propias emisiones. O que apoyes la escolarización de chicas en el tercer mundo, ya que es la manera más efectiva de limitar el crecimiento de la población».

—¿Y qué ha contestado? —pregunto.

—Nada —responde Greta—. Bueno, espera..., me ha bloqueado —dice, y se ríe tan fuerte que Roxy salta del sofá y se pone a ladrar.

Escena 63

Soberbia

Nos encontramos ante un cambio social sin parangón en la historia de la humanidad. Pero abandonar esta sociedad del crecimiento eterno, que tanto nos ha dado y que ha sacado a grandes segmentos de la población mundial de la pobreza y de la miseria, no es tan fácil. Todavía estamos embriagados por ese relato de éxito que nos condujo desde la hambruna y la indigencia hasta una sociedad en la que viajamos a la Luna, en la que tenemos entretenimiento las veinticuatro horas del día y en la que nos mudamos a un país con mucho sol para disfrutar de la jubilación.

En tres generaciones hemos pasado de ser vulnerables a ser inmortales, y a ratos nos comportamos con arrogancia y cortoplacismo, como si hubiéramos encallado en una isla desierta, muy lejos de todas las rutas marítimas, con provisiones para un año de las que nos atiborramos ya la primera semana.

«Confiemos en la tecnología; alguien encontrará una solución», berrean todos a coro, a la vez que tiran la basura en el manantial de agua dulce y hacen una hoguera con el bote salvavidas para no pasar frío por la noche.

«Solo se vive una vez. ¡Disfruta!»

La reducción de los profundos desequilibrios sociales, las soluciones colectivas y una nueva visión humanista del ser humano fueron las que nos sacaron de la pobreza. Abrimos la puerta a la igualdad, pero ahora poco a poco va camino de cerrarse otra vez. Las brechas sociales aumentan, los recursos se agotan y estamos varados en una isla desierta en el cosmos.

Escena 64

Repetición de escena

—Vale, pues entonces así —dice Greta.

Brilla un sol primaveral y sentados todos juntos en nuestra casita de la isla de Ingarö, en el archipiélago de Estocolmo, constatamos que lo que de verdad queremos decir con este libro es casi imposible de formular.

—El feminismo está delante de una puerta, impaciente por entrar. La puerta está cerrada con llave, pero hay que traspasarla para seguir adelante. Un poco más allá están los otros movimientos, como el humanismo, el antirracismo, el movimiento por los derechos de los animales, los que luchan por los refugiados, contra las enfermedades psíquicas o las desigualdades económicas, etcétera. Cada uno está delante de una puerta, y todos quieren entrar y seguir hacia delante. El movimiento climático tiene una llave que abre todas las puertas, pero nadie quiere aceptar su ayuda. O son demasiado orgullosos, o no ven la solución, aunque la tienen delante de las narices. O no quieren prescindir de todos los privilegios a los que se opone la cuestión climática.

—Vale —dice Svante—. Repite justo lo que acabas de decir y lo escribo palabra por palabra.

Escena 65

Greenwashing

«Según un estudio recientemente publicado por la organización Influence Map, cuarenta y cuatro de los cincuenta grupos de presión más influyentes tratan de obstaculizar de manera activa una política climática eficaz.»

En realidad, es muy sencillo.

Dependemos por completo de los esfuerzos de las empresas y de su voluntad para encontrar soluciones sostenibles. Pero no podemos dejar en sus manos toda la responsabilidad. No sería ni justo ni razonable.

El objetivo principal de una sociedad anónima es obtener beneficios económicos. No salvar el mundo.

Y cualquier afirmación que niegue un conflicto de intereses entre ambos objetivos contrapuestos siempre sonará a falsa, y justo aquí nos encontramos con el fenómeno *greenwashing*: en el abismo entre las bellas palabras y la acción real. En la estrategia comercial. O en la táctica disfrazada de nueva tecnología.

Nada ejemplifica con mayor claridad el fenómeno que la descripción hecha por Naomi Klein de la rentable aventura en calidad de ángel salvador a la que se lanzó Richard Branson, gurú del emprendimiento, propietario de compañías aéreas y multimillonario.

Hace poco más de diez años, Branson tuvo un encuentro en privado con Al Gore, el cual le hizo una presentación de la crisis climática. Quedó tan impactado con lo que oyó que inmediatamente convocó una rueda de prensa y explicó que durante la década siguiente su empresa invertiría tres mil millones de dólares para intentar desarrollar un combustible sostenible para la aviación.

Dado que su actividad comercial había generado ingentes sumas de dinero al ofrecer servicios que habían acarreado enormes cantidades de emisiones de dióxido de carbono, Branson pensó que era justo dedicar una parte de sus ganancias y de sus futuros beneficios a intentar dar con una solución para el impacto climático causado por los aviones.

Y por si eso no fuera suficiente...

Branson se comprometió a crear un premio, dotado con más de veinte millones de dólares, que se concedería a quien descubriera una solución técnica para absorber una determinada cantidad de dióxido de carbono de la atmósfera.

Eran unas noticias fabulosas. Sobre todo para aquellas personas que dependían por completo de los aviones para realizar su trabajo. Como yo. Parecía que todo iba a solucionarse, pues esa no era más que una sola empresa, pero si las cosas podían hacerse con esa facilidad, otras empresas, sin duda, también apostarían por ello. Por no hablar de todos los gobiernos del mundo.

Resultaba tranquilizador.

Y era algo bueno.

Había una solución.

El único problema es que Branson nunca encontró un combustible que fuera lo bastante sostenible para cumplir los requisitos. Ni siquiera estuvo cerca de hallarlo.

La mejor solución fue el biocombustible, pero no hay suficientes bosques ni campos para obtener las cantidades que se precisan. Además, el bosque tropical ya está devastado y no todo el mundo vive en países llenos de bosques como Suecia, Finlandia, Canadá, Rusia y, ¿y? Ay, es verdad, ya no hay más.

Por otra parte, el biocombustible resulta caro. Y luego se da un conflicto moral, pues los campos se necesitan para otras cosas. Para la comida, por ejemplo. Sobre todo, para ese 85-90 por ciento de la población mundial que nunca ha puesto un pie en un avión.

Y al final, en lugar de aquellos tres mil millones de dólares, Branson no invirtió más que doscientos treinta millones.

En cambio, durante los años siguientes Branson montó otras tres compañías aéreas y un equipo de Fórmula 1.

Y sigue sin haber un ganador de los más de veinte millones de dólares del Earth Prize de Branson.

Los vuelos verdes son más o menos como la energía de carbón limpia de Donald Trump o la llamada Captura y Almacenamiento del Carbono (CAC). Suena bien, pero no funcionará. Excepto, claro está, para las empresas, que siguen avanzando a toda pastilla, ajenas al problema.

Las mismas empresas que dicen que todo se solucionará, basta con que sigamos comprando sus productos verdes.

Escena 66

Excursión en la nieve a la espera de la máquina del tiempo y el teletransporte

Es un resplandeciente día de invierno y nos dirigimos al mar helado de la bahía. Le hemos comprado un par de esquís de segunda mano a Greta; Beata no nos acompaña, se ha quedado en casa. A Beata le gusta estar sola y transformar toda la casa en una sala de conciertos donde ensaya, actúa, canta y baila.

Es esos momentos es cuando se siente mejor.

Prepara material para su propio canal de YouTube, que lanzará cuando esté preparada.

—Pero hasta dentro de dos años, ni hablar. Antes, tengo que mejorar.

Así que la dejamos sola tan a menudo como podemos.

Svante va el primero esquiando, y Greta y yo sujetamos con sendas correas a Moses y Roxy, que tiran tanto como pueden de ellas. Avanzamos a una velocidad inimaginable. Gritamos y nos reímos de la fuerza del viento, mientras intentamos sostenernos en pie.

Nos dirigimos hacia la isla Björnö. Bordeamos volando los caminos, las playas y las rocas que están envueltos en una brillante costra de nieve y un abovedado hielo marino.

Ya en la bahía, nos sentamos en un embarcadero al sol y comemos unas naranjas. Svante pela, yo como y Greta huele. Es un buen día para la familia Ernman-Thunberg.

Un poco más allá vemos a tres familias con quads, que enseñan a sus pequeños a conducir sus propios modelos para niños con motor de gasolina. Tienen tres quads por familia.

—Mira tú por dónde —dice Greta—. Unas familias que comparten un interés por las motos. Qué monos.

A mí se me escapa una carcajada y un gajo de naranja me sale volando de la boca.

Los niños no tienen más de seis o siete años y no nos sorprendería que sus padres fueran de esos que dedican los veranos a enseñar a sus hijos a ir de un lado a otro en sus pequeñas motos de agua y a competir con papá.

De un lado a otro.

—Menos mal que estos compensan a todos los que han cogido el autobús hasta aquí o han pagado una fortuna por un coche eléctrico —dice Greta empujando un poco con el pie el esquí mientras sonríe.

Lo mejor de ser un apasionado de la tecnología es que una vez que tienes coche eléctrico, paneles solares y baterías powerwall, enseguida te das cuentas de que no es la solución para todo. De que cuando se trata de reducir emisiones, el cambio de hábitos personal supera con creces la práctica totalidad de las soluciones tecnológicas. Ambas cosas son necesarias, pero mientras esperamos los aspiradores de dióxido de carbono y las máquinas del tiempo hay otras dos cosas que necesitamos un poco más que otras: una política y una legislación radicales.

Porque por cada coche eléctrico siempre habrá una moto de agua nueva. Por cada persona que empieza a coger el autobús hay un nuevo todoterreno de gasolina. Por cada vegano hay un nuevo solomillo de buey importado de Brasil. Y por cada persona que renuncia a volar hay una nueva escapada de fin de semana a Madrid.

El poder del consumidor reside en la creación de opinión, pero en sí no constituye una solución definitiva.

Hace dos años tuvimos la oportunidad de instalar en nuestro garaje un cargador de batería para coches eléctricos, y cambiamos nuestro automóvil de combustible fósil por uno eléctrico. De las sesenta personas que tienen plaza en nuestro garaje, solo dos nos pasamos a la energía eléctrica, mientras que una tercera apostó por un híbrido. Desde entonces han aparecido unos cuantos coches nuevos en nuestro garaje. Muchos en la misma franja de precio que el nuestro.

Pero ningún coche eléctrico nuevo.

Ningún híbrido nuevo.

Igual pasa con los paneles solares del tejado.

Dos años llevan ahí.

Durante dos años hemos predicado como locos las bondades de la nueva tecnología, pero nadie se ha apuntado a ella, lo que obviamente pasa también en el resto del mundo.

Las soluciones están ahí y funcionan muy bien. Gracias a las fuentes de energía renovables como el sol y el viento tenemos ahora la posibilidad de poner en marcha un desmantelamiento progresivo, pero a la vez rápido, de la sociedad de los combustibles fósiles. Todo avanza, aunque la apuesta por estas soluciones va muy lenta. Demasiado.

Todos parecen creer que la tecnología nos salvará. Sin embargo, las empresas energéticas frenan el proceso y nosotros, que de forma individual tenemos la posibilidad de acelerarlo, no confiamos del todo en la tecnología. O mejor dicho: parece que no creemos que haga falta que nos salven.

La familia Ernman-Thunberg abandona el hielo y emprende la vuelta a casa con el viento en contra.

Escena 67

El monólogo de Greta

Greta está sentada en el suelo de la cocina con Moses y Roxy. Les pasa un cepillo viejo por el pelaje, serena y metódica.

—Recuerdo la primera vez que oí hablar del clima y del efecto invernadero —dice—. Recuerdo que pensé que no podía ser cierto. Porque si lo fuera, no hablaríamos de otra cosa, pero entonces no había nadie que dijera nada sobre eso.

—Sois vosotros los que salvaréis el mundo —le digo a mi hija.

Resopla igual que mi padre suele hacer, un hombre que, por cierto, ha pasado por la vida como la caricatura más elegante de una persona con el síndrome de Asperger que pueda imaginarse. Aunque sin que se lo diagnosticaran, claro. Son tan parecidos que resulta cómico.

—Todos los profesores nos dicen lo mismo —responde Greta—. «Será vuestra generación la que salvará el mundo. Sois vosotros los que tendréis que limpiar lo que dejemos nosotros y arreglarlo todo», dicen, y luego cuando termina el curso todos se meten en un avión para irse de vacaciones. «Sois vosotros los que salvaréis el mundo.» Sí, ya lo hemos oído, pero no estaría nada mal que al menos ayudarais un poquito. —Se levanta y se acerca a Moses, que se ha alejado unos metros para tumbarse cómodamente en la alfombra—. Y no, mamá —prosigue—, gente como yo no salvará el mundo. Porque a la gente como yo no se le presta atención. Podemos adquirir conocimientos, quizá, pero eso ya no basta. No hay más que ver a los investigadores. No se les hace caso. Y aunque se les haga, casi nada cambia porque las empresas contratan a sus propios «expertos», un mogollón, a los que luego mandan a Estados Unidos, a uno de esos carísimos cursos para aprender a tratar con los medios de comunicación e ir después a la televisión a decir que, en realidad, está superbién talar todos los árboles y matar a todos los animales. Y cuando los investigadores los contradicen no se les hace caso porque las empresas ya han puesto anuncios publicitarios por toda Suecia, pues la verdad es una de esas cosas que se pueden comprar con dinero.

Moses levanta la cabeza al oír el ascensor en el rellano. Greta sigue su mirada.

—Habéis creado una sociedad en la que lo único que se valora son las habilidades sociales, la apariencia y el dinero. Si queréis que salvemos el mundo, primero tendréis que cambiar las cosas. Porque tal como están ahora, todos los que piensan de manera algo diferente y a los que se les ocurren ideas antes o después se derrumban. O los acosan, o se quedan en casa sin ir al colegio. O tienen que ir a escuelas especiales como yo, donde no hay suficientes profesores. —Se gira hacia mí y me mira a los ojos. Eso no lo hace casi nunca—. Siempre estás con el rollo ese de que conseguí que una conocida editorial prometiera que modificarían un texto en el libro de geografía del colegio después de que yo les dijera que había una equivocación. Eso también lo escribieron en un artículo en *Aktuell Hållbarhet.* Y llevo sin clases de ciencias casi un año porque no hay profesor. Si queréis conservar este mundo, tenéis que cambiarlo, porque tal como está ahora ya no funciona.

Greta inspira hondo y apoya la nariz en el tupido y blanco pelaje de Moses. Olfatea.

Escena 68

Cualquier tiempo pasado no fue mejor

Hace menos de cien años era una verdad comúnmente aceptada que ciertos países tenían el derecho moral a ser dueños de otros; ese derecho se daba tan por supuesto como que personas diferentes valían de forma diferente dependiendo de su origen, del color de su piel, de su religión, de su orientación sexual, de su situación económica o de su género.

Muchas injusticias han desaparecido, muchas persisten. Algunas han cambiado de aspecto y otras nuevas han surgido. Pero en la mayoría de los aspectos el mundo ha mejorado mucho.

El problema es que todo lo que ha mejorado mucho lo ha hecho a costa de otras cosas que no son tan sencillas de reparar o de reponer. Como la salud. La biodiversidad. El equilibrio en la biosfera. La riqueza en la variedad de especies. Y pagando además el precio de la contaminación.

Escena 69

Fausto de Goethe

Otra cosa que no ha mejorado es la cantidad de dióxido de carbono en la atmósfera.

La relación entre nuestra historia de prosperidad y la cantidad de gases de efecto invernadero que han provocado la crisis climática global es, por desgracia, irrefutable.

«Polvo eres —dijimos—. Y en polvo te convertirás.»

«Todo lo que una vez tuvo vida reposará en la tierra», dijimos.

Después hubo alguien que encontró un montón de petróleo y entonces se acabó lo de reposar en la tierra. En cambio, creamos una sociedad basada en la idea de desenterrar los restos fósiles para después, lo más rápido posible, quemarlos en la atmósfera altamente sensible del planeta.

¡Y vaya si los hemos quemado!

Según un estudio de la Universidad de Utah se requieren veintitrés toneladas y media de biomasa para fabricar un litro de gasolina. O sea, veintitrés toneladas y media de árboles viejos y dinosaurios, y decenas de millones de años, para que un solo Volvo recorra diez kilómetros.

Mucho puede decirse sobre el contrato que nuestra actual sociedad ha firmado con el planeta donde vivimos.

Pero seguro que sostenible no es.

Escena 70

Sanación

El planeta sufre una grave enfermedad y tenemos que aplicar cuidados intensivos de inmediato. Necesitamos urgentemente asistencia médica.

En cambio, en el mejor de los casos hemos optado por la sanación como tratamiento.

No hay rastro de una toma de conciencia de que estamos enfermos. Nada de nada.

Es como renunciar a una operación que no puede esperar pensando que llegará un remedio futuro.

Escena 71

Londres

En la cuarta planta de la juguetería Hamleys en Regent Street, una veintena de colegiales ingleses de ocho años han formado un coro infantil espontáneo alrededor del vendedor de karaoke.

Cantan «Shape of You», de Ed Sheeran.

«I'm in love with your body. I'm in love with the shape of you.»*

Beata y Svante están en Londres porque en la Navidad del año pasado le regalamos la entrada para el concierto de sus ídolos, Little Mix, en The 02 Arena.

Durante el año que ha pasado desde que compramos el regalo, Svante ha cambiado sus hábitos.

Ha dejado de viajar en avión.

Como yo.

Al principio pensamos que quizá sería bueno que uno de los dos mantuviera abierta la posibilidad, en caso de emergencia, de poder subirse rápidamente a un avión.

Pero luego Svante leyó *Storms of My Grandchildren*, de James Hansen, que fue director del Goddard Institute for Space Studies de la NASA. Después leyó veinte libros más y se despidió de las compras, los vuelos y la carne.

Un rápido billete de ida y vuelta a Londres por unos cientos de coronas se transformó entonces en una aventura mucho más larga y considerablemente más cara. El regalo de Navidad de Beata se había

* «Estoy enamorado de tu cuerpo. Estoy enamorado de tu silueta.»

visto afectado por una especie de hiperinflación moral. Pero una promesa es una promesa.

Nuestra hija pequeña no tiene tampoco nada en contra de ser una pionera en la lucha contra el cambio climático y dedica con mucho gusto cinco días a atravesar Europa en un coche eléctrico con Little Mix a todo volumen.

En la juguetería Hamleys Beata le compra un zorro a Greta para regalarle en Navidad y luego siguen andando bajo los angelitos de la decoración navideña en dirección a la tienda HMV que está enfrente de Selfridges. Svante saca una foto de Beata en Oxford Circus y nos la manda.

Una hora más tarde le echo un vistazo al teléfono. En la pantalla aparecen dos mensajes. En uno se ve la foto de Beata en Oxford Street y en el otro un titular: «Ataque terrorista en Oxford Street».

Llamo y contestan al instante. Ya están en el hotel, lejos de Oxford Circus, así que puedo respirar tranquila. Después paso una hora delante de la cobertura especial con conexiones en directo en todos los canales. Durante unos minutos, el mundo se detiene y todos escuchan. Todos miran. Entrevistan a turistas suecos mediante sus teléfonos móviles y reina el caos, nadie sabe nada y todos contienen la respiración.

Se trata de una falsa alarma. La policía y el ejército han salido a la calle y han intervenido según el protocolo, pero no ha pasado nada excepto quizá una pelea en la que alguien persiguió a alguien que a su vez persiguió a alguien. Las compras navideñas pueden reanudarse enseguida. El mundo puede continuar consumiendo y consumiendo con total tranquilidad hasta reventar.

A la mañana siguiente Beata se queda en la habitación del hotel, pues cantar y bailar es infinitamente más emocionante que explorar el mundo externo, ninguna ciudad del planeta puede competir con eso. Está más que contenta de quedarse sola y cuidar de sí misma, de modo que Svante dedica el día a pasear entre los yates de lujo de los muelles de St. Katherine.

Ve barcos privados con nombres como *Sand Dollar*, todos y cada uno tan grandes que podrían ponerse en servicio para el tráfico de pasajeros regular entre continentes. Camina por los astilleros y puertos del Támesis donde una vez empezó todo, hace muchos años. Aquí estaban las compañías comerciales y hasta aquí llegaban los navíos y las mercancías. Este era el mismísimo corazón, piensa Svante.

Las mercancías levantaron el imperio que sentó las bases de la Revolución Industrial. Y provocó que el efecto invernadero se desarrollara a un ritmo muy antinatural. El mismo efecto invernadero que fue descubierto por el premio Nobel de la familia Thunberg, Svante Arrhenius. Mi marido se llama así por él.

Mi Svante da vueltas por ahí mientras lee en su móvil que los cálculos de Svante Arrhenius sobre el aumento de la temperatura, en el libro *Über den Einfluss des atmosphärischen Kohlensäuregehalts auf die Temperatur der Erdoberfläche*, de 1896, coinciden bastante con lo que sabemos hoy, ciento veintidós años después. Mucho, incluso. Lo que no resulta tan acertado en sus cálculos, sin embargo, es el aspecto temporal.

Según las predicciones de Arrhenius, harían falta más de dos mil años para alcanzar los niveles actuales de dióxido de carbono en la atmósfera. Obviamente, el hombre no podía saber que las generaciones futuras iban a doparse con combustibles fósiles que quizá deberían haber quedado bajo tierra.

Svante deambula durante horas, rodeado de hordas de turistas procedentes de todos los rincones del mundo. Niños, jóvenes, viejos, pobres, ricos: personas de cualquier condición pasean alrededor de la Torre de Londres bajo el tardío sol otoñal y cuelgan infinitas columnas interestelares de selfis en todas las redes sociales posibles. Un ligero olor a almendras caramelizadas y al diésel de los barcos turísticos se mezcla con el aire un poco demasiado templado para estar en noviembre.

Algunos turistas son tan viejos que ya no tienen fuerzas para seguir caminando. Otros avanzan ayudados por muletas. Unas familias de Estados Unidos consuelan a sus bebés recién nacidos.

Una mujer australiana guía a su marido, que muestra claros signos de demencia, y señala la pista de patinaje junto a la muralla donde algunos turistas brasileños con gorros de Papá Noel hacen equilibrios sobre el hielo a una temperatura de dieciocho grados.

La *dolce vita*. Solo se vive una vez. ¡Disfruta!

Svante se sienta al sol cerca del puente de la Torre de Londres bajo unos árboles que siguen llenos de hojas pese a que no falta nada para Adviento. Sueña con un movimiento por el clima que no existe; que no puede existir aún porque debe ir tomando forma poco a poco.

Bebe un café latte de Starbucks con dosis extra de espresso, come unos bollos secos de azafrán y pasas que le dio Greta para el viaje y paga el recibo de la luz a la compañía energética Vattenfall desde el móvil.

La misma compañía estatal que el año anterior vendió minas de carbón a unos inversores checos de capital de riesgo que creen en el «renacimiento» de la energía del carbón. La misma compañía estatal que sigue importando millones de toneladas de hulla de compañías mineras colombianas, sobre las que pesan graves sentencias judiciales, hasta el norte de Europa, donde se queman en sucias centrales energéticas de carbón.

La misma compañía estatal que ocupa la posición ciento doce en la lista de las doscientas cincuenta empresas que emiten la mayor cantidad de dióxido de carbono; empresas que juntas son responsables del 30 por ciento de las emisiones mundiales de gases de efecto invernadero.

La misma compañía estatal que ha demandado al Estado alemán por una suma millonaria porque tras el desastre de Fukushima decidió empezar a suprimir de manera gradual la energía nuclear.

La misma compañía estatal cuyo vicedirector ejecutivo, seguramente tan competente y amable como el que más, acaba de ser nombrado presidente del Consejo de Política Climática de Suecia.

Svante se quita la chaqueta de punto. Hace tiempo para ir con camiseta y un pájaro canta sobre un césped de plástico.

Escena 72

El largo camino de regreso a casa

Beata se echa a llorar en cuanto ve el nombre de Little Mix en uno de los paneles informativos del metro.

—Es que una no es de piedra —solloza.

Y cuando las integrantes de Little Mix salen al escenario por cuatro agujeros en el suelo de The 02 Arena, tanto ella como Svante gritan. Pero nadie grita más alto ni llora más que Beata. Ningún *mixer* en todo el mundo puede hacer todas las voces y cantar todas las estrofas como ella.

Tras el concierto se suben en el coche eléctrico y se dirigen hacia el eurotúnel en dirección Calais y el barrio de Kungsholmen, en Estocolmo. Beata es incansable. Va en el asiento de atrás comiendo galletas y escuchando todos los discos al volumen más alto posible. Cuando se trata de Little Mix no existe ninguna sensibilidad al ruido; tiene que oírse bien alto.

Cuando llega la noche ve capítulos de *Friends* en el ordenador, y duerme sola en su propia habitación de hotel. El caos que la rodea la tranquiliza por completo, porque se adapta a sus condiciones. Está disfrutando y mientras el coche siga rodando, se encuentra de maravilla.

A las afueras de Eindhoven suena el teléfono: es un editor que pregunta si Svante y yo queremos participar en un libro sobre el clima. Será un volumen extenso y optimista a un precio muy ajustado, para que llegue al mayor número de personas posible. El editor explica el papel que han pensado para nosotros y habla de la importancia de publicar algo juntos sobre el medio ambiente que pueda llegar de verdad a muchos lectores.

—Estará dirigido a un público amplio y queremos que sea un libro lleno de esperanza.

—Mmm... —contesta Svante mientras resuenan en sus oídos las palabras de Greta: «Un solo viaje en avión puede acabar con veinte años de recogida selectiva de basura»—. Ya..., pero no creo que nos interese mucho un libro esperanzador en estos momentos. Al menos no como se entiende lo de esperanzador ahora mismo.

—¿Qué quieres decir?

—No creemos que sea esperanza lo que más se necesite en este momento. Sería seguir ignorando los aspectos más importantes de la crisis. Si vamos a hacer un libro sobre el clima, primero y ante todo tendremos que comunicar que nos encontramos en una crisis acuciante y lo que la crisis acarrea. La esperanza es muy importante, pero viene después, más tarde. Si hay un incendio en tu casa, lo primero que haces no es sentarte a la mesa de la cocina y explicarle a tu familia lo bonito que quedará todo después, una vez reconstruido y renovado. Cuando la casa está ardiendo, llamas al 112, vas a despertar a todos y te arrastras hasta la puerta de la calle.

—Ya, pero yo creo que necesitamos esperanza —replica el editor—. Por ejemplo, ¿sabes que solo con ajustar la presión del aire en todos los neumáticos de coche ahorraríamos más de cien mil toneladas de dióxido de carbono?

—Sí —responde Svante—. Pero no queremos centrarnos en eso. Si la gente piensa que cosas así de sencillas pueden suponer una diferencia real, lo único que estamos diciendo es que no pasa nada, que podemos continuar como siempre. Inflar los neumáticos está muy bien, pero no es más que una gota en el océano, y si dirigimos la poca atención que la cuestión climática recibe a ese tipo de cosas, no habrá nada que hacer.

—Pero si la gente cree que no hay nada que hacer, entonces se rendirá.

—De ninguna manera —objeta Svante—. No si se le informa bien de lo que realmente significa «nada que hacer». Porque no lo saben. Por desgracia, la gente no tiene ni idea de lo que es el efecto invernadero descontrolado. O lo cerca que estamos de poner en marcha mecanismos que no podemos parar.

—Pero algunos psicólogos dicen que eso hace que desconectemos. Como un mero mecanismo de defensa.

—Sí, pero también hay psicólogos que afirman lo contrario, y ¿cuál es la alternativa? —continúa Svante—. ¿Mentir? ¿Dar falsas esperanzas? ¿Es así como queremos que la gente cambie de mentalidad? Malena y yo no estamos haciendo todo esto porque no nos guste la gente. Al contrario, lo hacemos porque queremos a las personas. Porque creemos en el ser humano.

—Vale, pero ¿qué les dices a tus vecinos cuando hablas con ellos? —quiere saber el editor.

—Yo no hablo con mis vecinos. Ni siquiera tengo fuerzas para hablar con mis amigos o con mis padres.

El editor dice que volverá a llamar.

Pero, naturalmente, no llama.

Más tarde esa noche en la cola de un McDonald's junto a la naviera alemana Hamburg Süd, Svante le explica a un hombre, chapurreando el alemán, que viaja de Londres a Estocolmo en un coche eléctrico porque ha dejado de ir en avión, *für das Klima*, y aunque el hombre entiende lo que dice no lo comprende, y allí, en el aparcamiento, bajo el viento y la lluvia, Svante llora desconsolado por segunda vez en quince años.

Porque allí, rodeado de cincuenta mil millones de camiones, autopistas y coches BMW, se da cuenta de que no importa cuántos coches eléctricos compremos.

No importa cuántos paneles solares instalemos en el tejado. No importa cuánto nos animemos e inspiremos el uno al otro.

Y no importa que nos quedemos en tierra y renunciemos al privilegio de viajar en avión, porque lo que en realidad hace falta es una revolución. La más grande en la historia de la humanidad. Y tiene que empezar ya.

Pero se mire por donde se mire, no hay ninguna a la vista.

Se queda allí durante cinco minutos, hasta que se da cuenta de que ningún ser humano puede vivir con la idea de rendirse. Y de que nada mejorará por el hecho de quedarse en una gasolinera alemana llorando.

De modo que no queda otra que seguir conduciendo.

Hacia Jutlandia.

Hacia Malmö.

Hacia el amanecer.

TERCERA PARTE

La tragedia clásica

Paso por delante de los titulares que hablan de asesinatos y fiestas de famosos,
de la prohibición de la mendicidad y de las declaraciones de los recién elegidos líderes políticos.
Y pienso que estamos todos dentro de un solo coche
que va directo contra un muro de roca
mientras discutimos sobre qué música ponemos.

STEFAN SUNDSTRÖM

Escena 73

Caos

Me encanta el caos.

Me encanta lo imposible: todo aquello que supera a los demás.

Dar volteretas laterales, hacer el pino o estar colgada de un arnés cabeza abajo sobre el escenario. Hacer flexiones mientras canto un aria que apenas se puede cantar estando quieto y de pie.

Y doy lo mejor de mí cuando se produce un corte de luz justo antes de una emisión en directo en televisión y a nadie le da tiempo a ensayar y todo se tiene que resolver en ese preciso instante. O cuando me avisan con tres horas de antelación para una sustitución en la que tengo que cantar un papel que llevo ocho años sin interpretar y la representación se emite en directo en todas las salas de cine del país.

O cuando alguien se ha puesto enfermo y tengo que precipitarme al aeropuerto y coger un avión para cantar en Londres, en un concierto ante dos mil personas con las entradas agotadas, y me pasan la partitura al aterrizar y me la aprendo de memoria en el taxi de camino al Barbican.

Me encanta el caos.

Mientras el caos sea mío y pueda hacer lo que se me da bien.

Es entonces cuando doy lo mejor de mí.

Tengo TDAH y obviamente lo he tenido siempre.

Me lo diagnosticaron a los cuarenta y cinco años y no me hice las pruebas antes porque nunca había tenido problemas que me hicieran sospechar que eran necesarias.

Soy el ejemplo típico de ese superpoder del que todos suelen hablar. Ese que se destaca muy a menudo pero que, por desgracia, muy pocos poseen, puesto que la casualidad no ha estado de su parte.

Puedo oír todos los instrumentos en una orquesta sinfónica a la vez. Puedo oír y ver las partes delante de mí.

He tenido suerte. Hubo personas que muy pronto se ocuparon de que yo fuera a parar al contexto adecuado: entornos que encajaban a la perfección conmigo, con mi talento y con mi obstinación. Entornos en que podía dedicar todo el tiempo a lo que me encantaba.

Era tímida y tartamudeaba tanto que durante la educación primaria tuve que ir al logopeda durante varios años.

—¿Vas a ir al lo-lo-lo-lo-logopeda otra vez? —gritaban mis compañeros riendo cada vez que salía de clase.

No podía decir frases que empezaran por vocales y necesitaba tanta energía para hablar con la gente que prefería quedarme callada.

Pero cuando cantaba todo se volvía tan natural y sencillo...

El canto fue mi salvación y en él encontré mi lugar en el mundo; ahí me sentía segura. No había limitaciones. Podía estar catorce o quince horas al día sin hacer más que cantar, escuchar y anotar todas las voces, todos los tonos, todos los sonidos.

Ahí no había nada que no fuera capaz de hacer.

Y en mi interior sigue estando todavía ese lugar, una especie de sensación grabada en la memoria muscular. Un sentimiento de felicidad que solo es mío.

Cuando canto siempre me siento bien.

Escena 74

La nueva divisa

Nuestra ignorancia acerca de la crisis climática y la sostenibilidad se ha convertido en uno de los mayores activos económicos del mundo. Porque esa ignorancia es una condición indispensable para el crecimiento económico continuado. La ignorancia es nuestra nueva divisa.

Porque en el momento en que nos demos cuenta de la magnitud de la acuciante crisis de sostenibilidad, cambiaremos nuestros hábitos y retrocederemos unos pasos.

Por supuesto, el hecho de que comprendamos esto no favorece una economía basada en que llenemos sin interrupción nuestros coches y aviones con restos de viejos dinosaurios y en que fabriquemos y compremos, lo más rápido posible, tantas cosas y cachivaches como podamos.

La relación entre la prosperidad económica creciente, el aumento de las emisiones y la pérdida de diversidad biológica no puede estar más clara. Sin embargo, no llegamos a captarla. Se pierde por el camino.

Porque de repente toda nuestra ignorancia ecológica ha adquirido un valor astronómico, cuyo alcance vemos por todas partes. En los medios de comunicación, en los informativos, en los anuncios, en nuestros valores y hábitos. No nos da tiempo a diferenciar lo que de verdad significa algo en todo aquello que nos distrae sin cesar. Y el mundo simplemente sigue adelante así.

Sin embargo, el problema no va a desaparecer sin más y los costes de arreglar las cosas no harán sino aumentar.

De retroceder unos pasos no nos libramos. La pregunta es si queremos darlos ahora de una manera organizada o esperar hasta más tarde.

Escena 75

Animales de rebaño

«Los cambios climáticos son la mayor amenaza para la humanidad», declara en abril de 2018 el secretario general de la ONU António Guterres.

Hemos empezado un «proceso de desestabilización» y nos acercamos a un «punto de inflexión», que puede estar en cualquier lugar.

Es una frontera invisible.

El debate de fondo debería haberse terminado hace mucho, ya que la investigación ha constatado, con total claridad, que el calentamiento global conduce a transformaciones catastróficas para todas las especies vivas, sin excluir ninguna. Que la deforestación, la agricultura industrial, la acidificación de los océanos y la sobrepesca contribuyen a acabar con la biodiversidad.

Pero vivimos en una época en la que el número, siempre en aumento, de coches vendidos todavía puede infundir fe en el futuro. Una época en la que los retrasos de los vuelos pueden generar de hecho más titulares que las muertes de miles de personas como resultado de los cambios climáticos (que han sido provocados por nuestros viajes en avión, entre otras cosas). Vivimos en una época en la que sustituir el té en bolsitas por té a granel se presenta como un consejo climático muy inteligente.

Leo que cuando se vuela hay que bajar la persiana de plástico de la ventanilla, tanto en el despegue como en el aterrizaje, para ahorrar el combustible que se dedica a regular el aire acondicionado del avión. En la habitación de un hotel puedo «Salvar el mundo» colgando la toalla en el toallero en vez de mandarla a la lavandería cada día.

«No somos capaces de asimilar todos los informes negativos ni todas esas noticias tan pesimistas. Nuestros mecanismos de defensa bloquean las informaciones. Necesitamos una historia nueva, positiva», dicen aquellos a quienes la gente escucha y yo me pregunto: ¿cuál es esa vieja historia que todos parecen conocer y que ahora ha de ser sustituida por una nueva?

Porque yo no he encontrado a casi nadie que esté mínimamente al tanto de la crisis de sostenibilidad que está teniendo lugar a nuestro alrededor.

Casi ninguna de las personas con quienes nos relacionamos tiene idea de *forcings* ni de *feedbacks*, y tampoco de cómo un desplazamiento de las corrientes marinas bajo las plataformas de hielo flotante de la Antártida puede acelerar el proceso de deshielo. No conocemos a nadie que sepa que la misma deforestación que nos indigna en la Amazonia está teniendo lugar también en los bosques boreales, a la vuelta de la esquina. Ninguna de las personas con las que hablamos ha oído hablar de la nueva Pangea o de dos empresas, una en las afueras de Zúrich y otra en Vancouver, que están desarrollando una nueva tecnología que supuestamente va a absorber el dióxido de carbono de la atmósfera. Y, por supuesto, tampoco conocemos a nadie que después de leer sobre la propuesta de estas empresas haya sacado la calculadora para constatar que eso jamás llegará a funcionar.

Casi nadie de quienes conocemos sabe algo de la crisis climática. Pero no tenemos por qué avergonzarnos: hemos conocido a directores de departamentos de sostenibilidad de empresas y dirigentes políticos que tampoco sabían mucho más.

El hecho es que todos carecemos de los conocimientos básicos que se necesitan para comprender los cambios radicales fruto de nuestro estilo de vida.

Hace tres o cuatro años yo no sabía nada de la cuestión climática. Estaba un poco preocupada, por supuesto. Pensaba que nuestros hábitos debían de desgastar inmensamente los recursos del planeta.

A veces leía sobre algo que era nocivo para el ambiente, pero siempre había alguien que afirmaba lo contrario y resultaba muy tranquilizador que los informativos siempre pusieran a nuestra disposición una ayuda tan profesional para disipar cualquier preocupación ecológica imaginable.

Me topaba por todas partes con la misma buena noticia: «¡Hay soluciones! ¡Podéis seguir como si nada!». Leí sobre el tráfico aéreo. Por lo visto podría ser una de las cosas más perjudiciales ya que las emisiones se producían a gran altura. Pero ni la administración estatal de la aviación civil de Suecia ni la empresa pública que gestiona los aeropuertos suecos decían nada sobre posibles efectos nocivos para el medio ambiente.

Si entrabas en sus páginas webs, te encontrabas con fotografías de torres de control rodeadas de tulipanes en flor y bonitas palabras sobre renovación en clave ecológica.

Y lo mismo pasaba con todo lo demás. Si algo no estaba bien, la tecnología lo arreglaría. Daba la sensación de que el calentamiento global era el problema fundamental, como si la crisis climática no fuera en realidad un síntoma de nuestro consumo excesivo.

Sin embargo, para mí no era ningún problema.

Mientras los medios de comunicación y los políticos no dieran muestras de que algo iba realmente mal, supuse que todo estaba bajo control.

Después llegó la crisis de Greta, seguida de la de Beata, y fue como si entráramos dando traspiés en una habitación que no sabíamos que existía.

La idea de que «necesitamos una historia nueva» resulta cada vez más extraña. Presupone que todo el mundo ha visto el documental

Antes que sea tarde, y después ha seguido leyendo por su cuenta estudios de investigación y blogs especializados sobre el clima.

Presupone que todo el mundo no solo asiste de manera habitual a conferencias con Pär Holmgren, del Partido Verde, sino que también lee asiduamente *The Guardian*. Que todos nosotros comprendemos el alcance real de la crisis de sostenibilidad.

«No somos capaces de asimilar todos los informes negativos. Tenemos que pensar en positivo porque si no nos bloqueamos», dicen los que pueden permitirse hacerse oír. Pero no es cierto; porque no podemos reprimir algo que no sabemos, igual que no podemos ignorar informes sobre los que no nos informan.

Un padre cuyo hijo se ha despistado y ha pasado la valla de seguridad y se está acercando al precipicio no necesita ninguna historia nueva. Ese padre no va a ignorar lo que ve porque sea demasiado duro asumirlo. En cambio, ese padre va a reunir superpoderes y entregarse en cuerpo y alma para salvar a su hijo.

Nos aproximamos a una frontera invisible, más allá de la cual no hay vuelta posible. Lo que estamos haciendo ahora pronto no podrá deshacerse. Los que son conscientes de la gravedad de la situación intentan advertir a los demás.

Sin embargo, somos animales gregarios y mientras nuestros dirigentes no actúen como si estuviésemos en plena crisis, casi nadie se dará cuenta de que, en efecto, ya estamos metidos en ella. Permanecemos a la espera de que los jefes del rebaño digan que nos detengamos, de que eludan el peligro y nos pongan a salvo.

Escena 76

Progresa adecuadamente

—De verdad que no sabemos qué hacer contigo. Eres un poco un caso perdido —me dijeron los profesores en la Escuela Superior de Ópera cuando llegó el momento de hacer la producción final.

El rector dijo lo mismo.

—No sabemos muy bien dónde ponerte, ni qué sería lo tuyo.

No lo decían en broma o de una manera positiva, sino como si yo hubiera hecho algo mal.

Algo en mí les molestaba.

Frecuentaba dos escuelas a la vez: estudiaba para obtener el título del conservatorio y para el de perfeccionamiento en la Operahögskolan, la Academia de la Ópera. Y también cantaba a tiempo completo en el coro radiofónico bajo la dirección de Gustaf Sjökvist y trabajaba en el Oscarsteater como bailarina y como suplente de la protagonista femenina de *Cyrano de Bergerac*.

El préstamo estudiantil se había terminado y no me quedaba otra que buscarme la vida, pero eso no me suponía ningún problema. Me sentía muy a gusto. A mi inquietud le venía bien saltar de una cosa a otra, y además era muy instructivo.

Cantaba, dormía, bailaba y me daba tiempo a hacerlo todo. Excepto quizá a relacionarme con la gente de clase de la academia y a asistir a todas sus fiestas, en las que de todas formas me sentía tan fuera de lugar como siempre. Pero no pasaba nada, porque por fin había encontrado un sitio donde mi manera de hacer las cosas no solo funcionaba, sino que lo hacía muy bien.

Hasta que un día entré en la clase de interpretación escénica en la Academia de la Ópera.

—Bueno —dijo Philipa, que era nuestra profesora—. Yo no tengo nada que ver con esto, pero los estudiantes me han pedido una reunión en la clase de hoy. Una reunión extraordinaria.

Y me invitaron a sentarme delante de un gran semicírculo de sillas. Me dijeron que resultaba un gran problema el hecho de que no me integrara en la comunidad, de que me hubiera perdido tantas fiestas de la academia.

Había cometido el error de no pertenecer al grupo. Me dijeron que era una engreída, que me creía alguien, pero al parecer no lo era, en realidad yo no valía nada.

Y en castigo por haber elegido mi propio camino, de pronto me vi obligada a aprender un montón de cosas sobre las que nunca había oído hablar. Por ejemplo, que no estaba bien ser diferente, porque si lo eres van a por ti. Darme cuenta de eso me produjo una gran tristeza.

Me aparté, me encerré en mi piso y allí, en una cuarta planta del barrio de Kungsklippan, di con mi propia forma de aplacar la preocupación y la angustia. Todo lo que había que hacer era comer un montón y después meterme los dedos hasta la garganta. Luego me sentía genial; con solo vomitar se quitaba ese nudo en el estómago, que a veces no volvía a aparecer durante varios días seguidos.

La bulimia es una enfermedad muy dañina, así que quizá no se tratara de una buena solución a la larga, pero sí la única que me tranquilizaba.

El problema fue que no puedes cantar cuando has vomitado.

Y era un gran problema, porque yo no puedo vivir sin cantar, así que de repente me vi obligada a elegir.

Elegí cantar.

Y cantar me salvó la vida.

Escena 77

Svenny Kopp

«El problema de fondo del TDAH es que uno se guía por el principio de placer. Solo se hacen las cosas por las que se siente el máximo interés. Nada de lo demás funciona. Tiene que ver con el sistema de recompensa. Tiene que ver con la cantidad de dopamina», Svenny Kopp, Universidad de Gotemburgo.

Un día a principios de mayo de 2017 asisto a una conferencia de la médica Svenny Kopp. Investigadora y con un doctorado en ciencias neurológicas y fisiología, está reconocida internacionalmente como una pionera dentro de la psiquiatría infantil y juvenil. Esto se debe a que sus investigaciones se centran en algo tan original como las chicas.

Estamos mi amiga Gabriella, yo y unos cientos de trabajadores del ámbito sanitario, de los colegios y de las unidades de psiquiatría infantil y juvenil de Estocolmo. En fin, gente del gremio.

Gabriella es como yo y quizá por eso es la única persona con quien me siento capaz de relacionarme en estos momentos. Tiene una hija a la que le han diagnosticado un trastorno neuropsiquiátrico y está siempre a punto de quemarse.

Debería haberle pasado hace mucho, claro; pero es muy fuerte y sigue luchando, igual que tantos otros que conozco que se encuentran en situaciones similares. Solo los fuertes de verdad se derrumban, solo ellos aguantan el estar sometidos a una presión que sobrepasa todos los límites imaginables, que al final los rompe y acaban tan quemados que se convierten en humo; en esta disciplina de agotamiento tan extremadamente exigente, las mujeres superamos en todos los sentidos a los hombres.

Lo que Svenny Kopp ha observado en sus investigaciones y en su actividad clínica es que muy pocas veces favorece a las chicas que se hable en términos generales de «niños y adolescentes»:

—Por desgracia (o quizá por suerte), tenemos que dividirlo todo en chicas y chicos. Chicas adolescentes y chicos adolescentes. Porque, de hecho, viven en distintas condiciones. La situación en que viven tiene un aspecto diferente. Y si hablamos de niños y adolescentes, se entenderá que nos referimos a los chicos —dice Kopp al inicio de su conferencia.

Habla con un marcado acento de Gotemburgo y no se parece a nadie que hayamos escuchado antes. Tenemos la sensación de que se dirige directamente a Gabriella y a mí. Dice las cosas como son.

—A muy pocas chicas se les diagnostica TDAH y autismo. Me han llegado casos tan incuestionables que me he preguntado cómo esto era posible; ¿cómo alguien pudo calificarlos de «problemas de adolescencia» o de «alteraciones en las relaciones familiares» cuando resultaba tan obvio que se trataba de un problema de TDAH?

Que una mujer investigadora denuncie la falta estructural de igualdad en la psiquiatría infantil y juvenil resulta, sin duda, polémico. Al cabo de un rato algunas personas del público se levantan y se marchan. Otras sueltan algún bufido o algún suspiro, lo que me hace pensar en un mensaje que leí en el teléfono: «Cuando estás acostumbrado a los privilegios, la igualdad la vives como opresión».

Para Gabriella y para mí es como ver a nuestra artista favorita.

—Me ha dejado casi deslumbrada —dice Gabriella y no puedo sino estar de acuerdo.

Sobre todo, cuando se habla de cómo se perjudica de manera tan clara a las chicas con relación a unos chicos que se hacen oír y ver mucho más y que enseguida acaparan los pocos medios que todavía quedan en forma de apoyo pedagógico o de plazas en los colegios de educación especial.

—Eso significa —continúa Svenny Kopp— que los chicos llegan mucho antes a ese circuito de apoyo. Y luego no descubrimos los problemas de las chicas hasta bien entrada la adolescencia, y en esa etapa de su vida no quieren recibir ayuda porque quieren ser como los otros. Y, además, entonces tienen que competir por ese cupo que hay, lo que es mucho más difícil. Es en ese momento también cuando los padres necesitan herramientas. —Kopp da un sorbo del vaso que tiene en el estrado—. ¿Qué hacemos con una chica que no se levanta por las mañanas? ¿Podemos sacar a una chica de catorce años de la cama a la fuerza y llevarla en brazos al colegio? Está claro que no, ¿verdad? ¿Qué hacemos entonces? ¿Cómo reaccionar cuando nunca termina los deberes? ¿Cómo se manejan esos conflictos, ese continuo enfado? ¿Ese ir de puntillas? ¿Lo de no poder mantener el orden? ¿Cómo superar todas esas situaciones diarias? No parece algo sencillo.

En el descanso le enseño a Gabriella un artículo que acabo de leer. Trata de un estudio en *niños* con TDAH, que se había basado en sesenta y cuatro niños, de los cuales los sesenta y cuatro eran varones. La sola idea de que las investigaciones científicas en *niños* en 2018 puedan hacerse sin pensar en un reparto de género igualitario lo dice todo.

No es fácil conseguir un diagnóstico neuropsiquiátrico.

Es difícil. En especial en el caso de las niñas. Porque ¿cómo van a ajustarse a unos patrones y criterios que se han creado para los chicos? Hace unos años las niñas ni siquiera podían tener el síndrome de Asperger o el TDAH.

Casi todo lo que atañe a los diagnósticos todavía está basado en los chicos. Los criterios de evaluación, los medicamentos y la información.

De chicos, por chicos y para chicos.

Todos los trastornos varían de individuo a individuo, y en las niñas se manifiestan a veces de manera muy diferente. Como ejemplo puede mencionarse que los niños con TDAH a menudo tienen una conducta revoltosa y alborotadora, mientras que las niñas muchas veces actúan al revés.

La mayoría de los diagnósticos son fruto de una conducta que se entiende como molesta para los demás, y como las chicas a menudo se guardan todo para ellas, enseguida se quedan rezagadas. La persona que no se hace ver ni oír fuera de su casa casi nunca recibe ayuda.

Porque ¿cuántos padres tienen fuerzas para llegar hasta el fondo de todos los problemas? ¿Cuántos padres eligen de manera voluntaria dedicar tres, cuatro años a pelearse con la psiquiatría infantil y juvenil para que, en el mejor de los casos, a sus hijos se les estampe un sello en la frente que a ojos de muchos todavía es una discapacidad?

Todo esto lo saben hoy muchos padres implicados ya que los estudios y los descubrimientos pueden leerse en internet. Pero ni mucho menos todas las personas que trabajan en psiquiatría juvenil lo aceptan; la investigación avanza rápido, pero los criterios y la práctica habitual no siempre siguen el ritmo. Y muchos acaban atrapados en ese desfase. En particular, las niñas, que no pocas veces se quedan atrapadas en un largo y no deseado absentismo escolar que puede suponer el comienzo de una marginación para toda la vida. Niñas que están de camino hacia esa zona de riesgo que las discapacidades sin diagnosticar como el síndrome de Asperger o el TDAH de atención e hiperactividad constituyen; una zona de riesgo flanqueada por los trastornos alimentarios, los comportamientos compulsivos y las diferentes conductas autolesivas.

Incontables estudios realizados por todo el mundo muestran que el TDAH está ligado a un alto riesgo de caer en adicciones y en la delincuencia. Aunque la correlación entre el TDAH y los trastornos alimentarios es un área de investigación totalmente nueva, ya se aprecian señales claras de una estrecha relación.

Cuando las niñas al final —de una vez por todas— empezaron a ser diagnosticadas también, de repente, grandes sectores de la sociedad se pusieron a gritar que había ¡¡¡inflación de diagnósticos!!! Y es cierto que eso es tan absurdo como suena, por supuesto, pero toda esta ignorancia no es culpa de los chicos. Evidentemente, sus problemas no son menores por el hecho de que se haya ignorado a las chicas, y ellos necesitan todo el apoyo posible. Además, a los chicos —y a sus padres— les ha tocado aguantar los efectos negativos de estar en el punto de mira, como que se burlen con total descaro de sus «comportamientos» característicos, incluso el personal de los colegios o los otros padres, o como que todos sepan mejor que nadie cuál es el problema y su solución por haber leído los recurrentes e inmensamente populares artículos de opinión que llevan títulos como «¡Quítate la gorra y pórtate bien, niñato!».

A pesar de que los estudios dicen cosas muy diferentes.

En el estrado, Svenny Kopp empieza a rematar su conferencia.

—Lo que he hecho durante mis años como investigadora ha sido estudiar tanto a niñas con autismo y TDAH y síndrome de Tourette como a niñas que no tienen nada, y puedo decirles que sus familias viven en planetas distintos. Es casi imposible imaginar la gran diferencia que hay, y la presión bajo la que viven las familias que tienen niñas (y también niños, a decir verdad) con cualquiera de estas dificultades. El estrés es enorme.

La sala está en silencio salvo por algún carraspeo prudente y alguien que pasa las páginas de su cuaderno de apuntes.

—El porcentaje de divorcios es más alto que en otras familias. Y sobre todo son las madres las que sufren una situación de estrés que resulta prácticamente..., bueno, yo diría que no es tolerable hoy..., no es..., no hemos sido capaces de ocuparnos de esta problemática familiar, y si no podemos, esta en la que vivimos no es una sociedad del bienestar... Y ese estrés al que se exponen en particular las madres es enorme, y dura años, a la vez que a menudo se añade la total incomprensión por parte del funcionariado.

Mientras salimos del aula, Gabriella me habla de niños de diez años que están destrozados: suena como una pésima broma del darwinismo social, pero sé que es verdad. Lo he visto con mis propios ojos. Me cuenta el caso de una niña con el síndrome de Asperger que no se ha levantado de la cama en dos años y que ya no puede andar porque sus tendones de Aquiles se han atrofiado.

¿Quién tiene fuerzas para defender a estos niños y ser su portavoz?, pienso.

¿Quién puede gritar tan alto que todos se detengan y escuchen?

Pero no conozco a nadie que sea capaz de hacerlo. No sin ayuda.

Escena 78

Infancia privilegiada

Crecí en un pueblo industrial en la década de los años setenta del siglo pasado y no me faltó de nada. Yo fui una niña *de luxe* del Estado del bienestar. Cuando veo a los niños que crecen hoy, treinta y cinco años más tarde —cuando veo a mis hijas—, pienso que si yo hubiera crecido en la misma sociedad que ellas habría estado perdida.

La velocidad, el volumen, los estímulos, la exigencia de que todo sea rentable y los resultados que hay que obtener lo impregnan todo. Las escuelas de música, de danza, de teatro abandonan las lecciones individuales en favor de una enseñanza grupal, más efectiva desde el punto de vista económico, que excluye a todos los niños que carecen de la capacidad para funcionar en grupo.

Todos aquellos cuya «diferencialidad» podría transformarse en creatividad, confianza en sí mismos y arte, pero que ahora corren el riesgo de desembocar en la marginación.

Otro fracaso económicamente rentable.

Escena 79

Seinfeld de vecino

En los años sesenta del siglo pasado en Manhattan, en unas viejas oficinas encima de la cafetería que después se haría inmortal gracias a la serie de televisión *Seinfeld*, se creó una pequeña subdivisión de la NASA. La recién creada unidad trabajaba en algo llamado «efecto invernadero».

Este verano han pasado treinta años desde que su jefe, James Hansen, testificara ante el Congreso de Estados Unidos y expusiera las pruebas de que el calentamiento global era algo real.

«Estamos seguros al 99 por ciento de que el calentamiento global no es una variación natural, sino que está causado por un aumento de dióxido de carbono y de otros gases artificiales en la atmósfera», declaró Hansen el 23 de junio de 1988.

Pero, fuera del movimiento medioambiental y climático, ¿quién ha oído hablar de él? ¿Y cuántos de nosotros conocemos el resultado y el alcance de los estudios que Hansen e innumerables investigadores han continuado realizando sin descanso dentro de esa misma área?

Si nos tomáramos en serio la cuestión climática, Hansen sería conocido en todo el mundo y cada dos por tres se otorgaría un Premio Nobel a alguien cuya investigación estuviera relacionada de un modo u otro con la crisis de sostenibilidad.

Sin embargo, no es así.

Aunque los pronósticos de James Hansen se cumplieron con una claridad incómoda, todavía vive como un hombre marginado, ignorado y combatido por todos los presidentes. Hansen es un destacado crítico del Acuerdo de París, desesperadamente insuficiente según él.

«El verdadero fraude son todos los políticos que afirman hacer algo al respecto», dice el exjefe de la NASA que ahora es profesor retirado de la Universidad de Columbia.

Razón no le falta.

Porque en los treinta años que han pasado desde su testimonio las emisiones de dióxido de carbono de ningún modo se han reducido. Al contrario, han aumentado un 68 por ciento y a pesar de todas las energías renovables (todas las nuevas instalaciones solares y eólicas) el mundo utiliza más fuentes de energía fósil hoy que en 1988. Seguimos moviéndonos en la dirección equivocada.

Escena 80

Superpoderes

Cuando la campaña mediática #MeToo empieza a aporrear encima de esa superficie que las feministas llevan media eternidad rascando surge una abertura.

Una rendija en la fachada.

Determinadas voces que llevan decenios resonando de pronto comienzan a oírse por medio de ese nuevo resquicio y cuando menos te lo esperas sucede un pequeño milagro.

Aunque el milagro no ha sido tal.

No eran más que algunas decisiones compartidas por las redacciones de algunos medios de comunicación.

Porque cuando los medios deciden apoyar un asunto como se hizo con #MeToo, entonces todo cambia.

Dentro del movimiento medioambiental mucha gente abriga la esperanza de que en el caso del clima tenga lugar un viraje similar.

Sin pasarse media eternidad rascando en la superficie ni avanzar a pequeños pasos durante ciento treinta años, naturalmente.

Porque no tenemos ese tiempo.

De hecho, no tenemos nada de tiempo, nada. Es imprescindible que se ponga en marcha un cambio revolucionario dentro de dos años.

«Falta la conciencia de los cambios radicales que se precisan», dice el catedrático Johan Rockström.

Estamos viviendo una crisis que nunca se ha abordado como tal.

Los informes son muchos, pero la comunicación sobre su contenido es insignificante.

Según el SIFO [Instituto Sueco de Encuestas de Opinión], los temas relacionados con el clima fueron los que menos visibilidad tuvieron de media entre los asuntos políticos recogidos por los medios de comunicación en 2016, al mismo tiempo que el informe anual del Instituto SOM de la Universidad de Gotemburgo constató que «los cambios climáticos» son lo que más nos preocupa.

El tratamiento de la cuestión del clima y de la sostenibilidad por parte de los medios es desastroso. Los temas fundamentales para la humanidad se reducen en el mejor de los casos a la aparición muy de vez en cuando de algún artículo aislado, una noticia o reportajes relegados a una sección temática, mientras que tanto los periódicos en papel como las páginas webs de noticias están repletas de reportajes de viajes, de ideas para las compras y de artículos sobre coches.

En la radio y en la televisión la mayoría de las veces de lo que se trata es de debates, en los que simplemente se discute.

No hay grandes titulares. No hay ediciones especiales en los informativos. No hay gabinetes de crisis. No hay información general para concienciar a toda la gente.

Como la economía rige antes que la ecología, la crisis no ha de tratarse como tal, sino como una posibilidad hacia un nuevo crecimiento «verde». Ese es el plan que va a salvar el mundo; la estrategia que enseña que los posibles informes alarmistas que pueden lograr que la gente tome conciencia del problema a la vez pueden ocasionar el riesgo de que esa misma gente caiga redonda exclamando: «¡¡¡Uy!!! ¡¿O sea que la crisis climática era de verdad?! En serio que no tenía ni idea; pero ahora que lo sé ¡me rindo! Porque si el Acuerdo de París supone limitaciones para mí personalmente, entonces prefiero un bonito efecto Venus a gran escala con un aumento de los niveles de agua de sesenta y cinco metros, extinción masiva, exterminio y un océano de color lila y burbujeante de ácido».

Ese es el planteamiento.

Las redacciones de los informativos televisivos no pueden asustar, ni echar culpas ni decir las cosas como son, porque entonces a lo mejor nosotros interrumpiremos ese megatrabajo climático que ya estamos haciendo; ya sabéis, todo eso que hace que el dióxido de carbono en la atmósfera siga aumentando diez veces más rápido que cuando tenía lugar la mayor extinción masiva de especies. No, en lugar de eso vamos a contar una nueva historia, un relato positivo. Algo que tendrá muchos «Me gusta» en Facebook.

Pero ¿sabéis?

¡Ya hay una nueva historia! Y es tan positiva que los ángeles cantan alborozados a coro y saltan de alegría sobre la bóveda celeste; porque ya hemos resuelto la crisis climática y sabemos que ¡las soluciones van a funcionar!

Además, estas son tan brillantes que se corre el riesgo de que arreglen otros muchos problemas por pura inercia, como las crecientes brechas socioeconómicas, el malestar psíquico y la desigualdad entre géneros.

Ahora bien, estas soluciones exigen cambios fundamentales y alguna que otra contraprestación, claro.

Como, por ejemplo, que paguemos un impuesto muy alto por las emisiones de dióxido de carbono.

Que nuestro objetivo general sea la reducción de las emisiones.

Que empecemos a plantar cantidades enormes de árboles a la vez que permitimos que la mayor parte de los bosques que nos quedan permanezcan intactos para que sigan conteniendo todo el dióxido de carbono que ya han absorbido. Los bosques son nuestra salvación. Pero tenemos que empezar a tratarlos con el respeto que merecen.

Las soluciones demandan que bajemos la velocidad y empecemos a vivir a pequeña escala, de manera colectiva y desde cero. Y eso significa todo, desde una democracia local hasta una producción de energía y de comida más en copropiedad.

Que colaboremos, ya que los problemas colectivos reclaman soluciones colectivas.

Y que el mundo, en lugar de gastar cada año más de cuatro billones de coronas [unos cuatrocientos millones de dólares] en subvencionar combustibles fósiles, dedique ese dinero a producir más energías eólica y solar. Una cifra que seguramente podemos multiplicar.

Si queremos, podemos.

Pero no sin contraprestaciones.

Como que apostemos por la tecnología existente en lugar de esperar otra que quizá llegue más tarde, cuando ya sea demasiado tarde.

Como que debamos modificar gran parte de nuestros hábitos y que muchos de nosotros tengamos que dar unos pasos ecológicos hacia atrás.

Como que las empresas que han causado los problemas paguen por todo lo que han ocasionado; empresas que pese a ser conscientes de todos los riesgos han ganado sumas desorbitantes destrozando el clima y el ecosistema.

No somos nosotros los que hemos provocado todo esto. No es culpa de todo el mundo. Sin embargo, es nuestra responsabilidad común garantizar las condiciones para las generaciones venideras. Su futuro está en nuestras manos.

Si te cuentas entre aquellos que creen que la tecnología va a salvarnos, te recomiendo que subas hasta lo más alto de la rampa de saltos de esquí en Falun y mires la zona de aterrizaje. Porque justo así de empinada se ve la curva de emisiones, que ya deberíamos hacer bajar hasta cero. Esa curva gráfica que tendría que aparecer en primera plana en todos los periódicos de todos los países.

Nuestro destino está en las manos de los medios de comunicación. Nadie más tiene el alcance que se precisa, considerando el tiempo que nos queda.

Y no podemos resolver una situación crítica sin tratarla como tal.

Todos los que alguna vez han sido testigos de un accidente saben a qué me refiero.

Durante una crisis descubrimos que tenemos superpoderes. Levantamos coches, combatimos guerras mundiales y entramos y salimos escalando de casas que están en llamas. Basta que alguien se caiga en la calle para que se forme una cola de personas, preparadas para soltarlo todo y tener la oportunidad de echar una mano.

La propia crisis es la solución a la crisis.

Porque en tiempos de crisis cambian nuestros hábitos y nuestra conducta.

Durante una crisis somos capaces de cualquier cosa.

La mayoría de nosotros se sentirá mucho mejor al bajar el ritmo y vivir de una forma más local sabiendo que nuestros hijos tendrán la oportunidad de desarrollar todos los inventos y todas las soluciones que nosotros no hemos tenido tiempo de pensar.

La mayoría se sentirá mucho mejor si dejamos vivir a todo el país y si dejamos de ir constantemente a la próxima gran ciudad, al próximo viaje, al próximo aeropuerto o al próximo lo-que-sea.

Cuanto más despacio viajemos, más grande será el mundo.

Y todos nos sentimos mejor en una sociedad que antepone la sostenibilidad a cualquier otra cosa.

Escena 81

Palabras vacías

Ha empezado la campaña electoral.

Estamos en julio de 2018 y, de repente, todos los políticos hablan de la crisis climática. Ya no se puede ignorar por más tiempo. Porque después de meses de una sequía y un calor jamás vistos, ha sucedido lo que los expertos han estado anunciando durante décadas: las cosechas se echan a perder, los acuíferos se secan.

Suecia arde, arden los bosques, la turba y la ciénaga, desde Gällivare y Jokkmokk hasta los prados del sur. Y apenas con unos pocos días de cobertura de crisis en los medios, empezamos a intuir el significado de que una sexta parte de nuestro país esté al norte del círculo polar, en el Ártico, donde se prevén los mayores cambios climáticos. La crisis climática ya no es algo que está en algún lugar por ahí muy alejado de nosotros; con un calentamiento de 1 °C ya está aquí y nos hallamos en primera línea.

Pero no es un tema del que nuestros representantes políticos quieran hablar, parece claro. Casi ninguno dice nada ni sobre las causas ni sobre las consecuencias. Pues el objetivo de los políticos es ganar elecciones. Y las elecciones no se ganan diciendo las cosas como son: se ganan diciendo lo que la gente quiere oír.

«El clima es el tema decisivo de nuestra época», declaran todos de pronto como de pasada, realizando un análisis tan profundo como el horóscopo de una revista del corazón. Son otros países los que deben hacer todo; todo lo demás se llama política de propaganda y agitación.

Nadie menciona que más de la mitad de nuestras emisiones ni siquiera se incluyen en las estadísticas. Es más cómodo así.

Nadie habla de que la huella ecológica de Suecia se halla entre las diez más altas del mundo. Nadie dice ni pío sobre el hecho de que recorrer en autobús los veinte kilómetros que separan Sandviken y Gävle produce más emisiones que un viaje de ida y vuelta a Nueva Zelanda en clase business, debido a que los vuelos internacionales no se incluyen en las estadísticas.

Cuando trasladamos la producción a países con mano de obra barata, no solo nos libramos de pagar sueldos razonables, sino que también nos deshicimos de una parte gigantesca de nuestras emisiones de dióxido de carbono. De modo que ahora podemos echar la culpa a que son los otros países los que tienen que tomar medidas, porque nosotros ya hemos mejorado al trasladar nuestra producción a fábricas en China, en Vietnam y en la India.

Sin duda se puede afirmar que «necesitan nuestras industrias y nuestro comercio para elevar su nivel de vida», por supuesto. Pero ya con un calentamiento de 1,5 °C parece que hay otras cosas que necesitan más. Habitabilidad, por ejemplo.

«Suecia es demasiado pequeña —dicen los políticos que representan a la mayor parte de los votantes—. Es mejor que intentemos influir en otros países.»

Y ningún periodista responde a esta retórica. Nadie dice que siguiendo la misma lógica podríamos abstenernos de pagar impuestos ya que «mi aportación es tan ridículamente pequeña en el total que es mejor que pase de pagarlo y gaste el dinero en aquello que de verdad nos beneficie a mi familia y a mí. Todo lo demás es solo buenismo».

Ningún periodista menciona que cuando países pequeños como Costa Rica deciden prohibir productos de plástico de un solo uso, eso provoca artículos que se comparten cientos de miles de veces porque el mundo está muy hambriento de ejemplos positivos. Hambriento de aquello que la gente entiende como esperanza, incluso en la forma de prohibición y de limitaciones por el bien común. Nadie menciona que la pequeña Costa Rica ha puesto en marcha una tendencia y que otros países han decidido seguir su ejemplo. Países como, por ejemplo, la India.

Naturalmente, hay políticos suecos conscientes del problema que quieren afrontarlo, pero no se les oye. La opinión pública es demasiado débil. El debate nunca ha empezado de verdad y las brechas entre las conciencias son demasiado grandes. Unos se encuentran ya en el punto 117 mientras la mayoría ni siquiera ha llegado al 2.

Leemos *Factfulness*, escrito por Hans Rosling, Ola Rosling y Anna Rosling Rönnlund, pero ni siquiera en este libro aparece la crisis climática y de sostenibilidad como algo muy urgente.

«Pero los que se preocupan por los cambios climáticos deberían dejar de asustar a la gente con escenarios inverosímiles. La mayoría ya es consciente del problema y lo reconoce. Seguir llamando la atención sobre eso es como derribar una puerta abierta. Es hora de ir más allá de toda la cháchara, la cháchara, la cháchara. Usemos, en cambio, esa energía para resolver el problema, pasando a la acción; una acción que no esté dirigida por el miedo o las prisas, sino por los datos y un frío análisis.»

Esto escriben tres de los creadores de opinión más destacados —y legítimamente aclamados— de nuestros tiempos. Pero la fundación Gapminder y los tres Rosling no son los únicos, ni mucho menos, que defienden estas ideas.

Podrían proceder de cualquier director de redacción, político, mandamás u hombre de negocios. Es el *mainstream*. Es la imagen vigente.

Pero ¿es la correcta?

¿La información difundida por las organizaciones medioambientales y los expertos políticos es inverosímil? ¿Pretenden decenas de miles de investigadores asustarnos?

Y, sobre todo, ¿tenemos tiempo para continuar, sin prisas, con otros análisis fríos?

¿O lo que pasa es que ahora los cambios van tan rápido que ni siquiera nos da tiempo a asimilar la información? Es siempre ese pequeño detalle relativo a la cantidad de dióxido de carbono en la atmósfera el que lo altera todo.

En nuestra cultura, casi en ninguna parte se dice que el tema climático es un indicativo de una deficiencia en el sistema. Se afirma que es un «problema» y estos se resuelven con nuevos inventos, con nuevos artilugios. Y cuando la investigación llega a otras conclusiones, se encargan nuevos estudios a otros investigadores cuyos resultados quizá concuerdan mejor con lo que queremos oír, y así seguimos. Una y otra vez.

Es una evolución peligrosísima, pero lo que escuece un poco más que el resto es ese estribillo constante de «la mayoría ya es consciente del problema y lo reconoce». Todos parecen pensar que las cosas son así, y ya está.

«Cuando miremos a nuestros nietos a los ojos en el otoño de nuestras vidas, podremos decir que neutralizamos la amenaza cuando la vimos. O también podremos decir que no hicimos nada, aunque lo sabíamos», declara la viceprimera ministra sueca al finalizar los encuentros políticos durante la Semana de Almedalen de 2018.

Nadie parece cuestionar que sea cierto, pese a que en el fondo conlleva una visión del ser humano que a todos nosotros nos resulta ajena.

Porque si supiéramos, si fuésemos conscientes de las consecuencias de lo que hacemos y aun así siguiésemos haciéndolo..., ¿qué diría eso de nosotros?

¿Y qué dice de todos aquellos que sostienen que las cosas son así, y ya está?

Escena 82

«Ser diferente»

La verdad es que cuando se trata de cosas prácticas soy un desastre, pues no me apaño con casi nada.

No tengo carnet de conducir.

Cuando tenía veinte años, calenté pan en el horno con el plástico puesto y nunca he sabido entrar en mi cuenta bancaria por internet y pagar mis recibos.

Debo escribir largas listas con todo lo que he de hacer, porque de lo contrario no hay manera. No puedo pasar por alto ciertas cosas. Me quedo bloqueada. Con toda sinceridad, si no me hubiera convertido en cantante seguramente no habría llegado a nada. Lo más probable es que me hubiera quedado atrapada en uno de esos agujeros abismales que a veces acarrea un TDAH sin diagnosticar.

Hoy tienes que ser extravertido. Tienes que saber un poco de muchas cosas. En principio, podrías poseer los conocimientos de un investigador profesional, pero si no logras defenderte oralmente, no llegarías ni al aprobado en una asignatura del colegio.

¿Qué sucede con esos que son muy buenos haciendo algo concreto pero carecen de la capacidad de hacer nada que no les despierta interés?

¿Qué sucede con esos que resulta que son un poco tímidos? ¿Y con esos que casi enferman si tienen que hablar delante de otros? ¿Y con la mayoría de la población que carece de esa habilidad social que hoy más se valora?

La cuestión es si una sola persona que se diferencia demasiado de la multitud sobreviviría en el colegio sueco tal como es hoy; en todo caso, no lo harían muchos de los que en un futuro trabajarán en áreas que exigen sensibilidad, creatividad y empatía. Por eso, tenemos que cambiarlo.

Los valores que están en juego son demasiado importantes.

La cualidad de «ser diferente» es la base del arte. Y sin arte todo se hará añicos poco a poco hasta quedar en nada.

Escena 83

Más allá de los decorados

Greta, Svante y yo quedamos con Kevin Anderson y con su compañero investigador Isak Stoddard en el CEMUS, el Instituto de Ciencias Geológicas de la Universidad de Upsala.

Hemos estado en contacto con Kevin e Isak con anterioridad. Un año antes escribimos un artículo de opinión que llamó mucho la atención en el diario *Dagens Nyheter* junto con Björn Ferry, Heidi Andersson, Staffan Lindberg y el meteorólogo Martin Hedberg, entre otros, donde explicábamos por qué habíamos decidido dejar de viajar en avión. El artículo sentó, en gran medida, las bases para el debate sobre los vuelos que unos meses más tarde se inició en serio en los medios de comunicación.

Lleva varias semanas sin llover y el césped en Upsala ya está marrón y quemado por el sol del incipiente verano.

Kevin Anderson nos habla del calor que hace en su apartamento de profesor visitante y de cómo duerme con la ventana entreabierta «igual que en Grecia».

Llenamos nuestras tazas con café y leche de avena y nos sentamos en una pequeña sala de reuniones donde hay sofás y estanterías con libros. Kevin bebe té.

—En primer lugar —dice Svante mientras aprieta el botón de grabar en el móvil—, cuando se habla del nivel de las reducciones de emisiones de CO_2 que tienen que hacer países como Suecia, las cifras varían. Tú y otros investigadores habláis de entre un diez y un quince por ciento al año, pero los políticos y la Agencia de Protección del Medio Ambiente lo sitúan entre un cinco y un ocho por ciento. ¿Cómo se explica eso?

—Hay varias razones. La cifra entre un cinco y un ocho por ciento no incluye, por ejemplo, vuelos, navegación marítima ni productos fabricados en otros países —dice Kevin Anderson. Habla rápido y claro, con una convicción que hemos visto en muy pocas personas—. Después, los cálculos de los países industrializados, como Suecia, nunca incluyen ni la más mínima referencia a la justicia climática a la que nos hemos comprometido con otros países de zonas más pobres del mundo. Está escrito con toda claridad en el Acuerdo de París, en el Protocolo de Kioto, etcétera. Nos hemos comprometido a reducir nuestras emisiones partiendo de ese concepto de «justicia» que decidimos ignorar completamente.

»Pero esto es lo más importante de todo: nuestros modelos de reducción de emisiones dependen por completo de una enorme cantidad de tecnologías de emisiones negativas. Se trata de tecnologías que todavía no existen y ningún investigador podrá siquiera aproximarse a las estimaciones que se utilizan ahora en todos los modelos climáticos. Suena muy extraño, claro, pero el hecho es que hace tan solo dos años muchos investigadores climáticos ni siquiera sabían que las cosas estaban así. Tengo muchos colegas que se quedaron totalmente estupefactos al enterarse de que esa tecnología que ni siquiera se ha inventado se incluye ya en todas y cada una de las estimaciones del futuro.

Kevin hace una mínima pausa e insiste en la primera reacción de sus compañeros. Yo me quedo callada casi todo el rato y dejo que Svante maneje nuestras notas y preguntas. Como siempre que hablamos con gente relacionada con el clima, prefiero escuchar más que hablar. En parte porque aprendo más así, pero sobre todo porque me da miedo hacer el ridículo y decir alguna tontería.

—Isak y yo prevemos que países ricos como Suecia deben empezar a reducir sus emisiones entre el diez y el quince por ciento al año como mínimo, desde hoy, para que en 2025 las emisiones se hayan reducido en un setenta y cinco por ciento. Eso si queremos contar con alguna oportunidad de cumplir el objetivo de los dos grados. Después tenemos que llegar al nivel cero de emisiones entre 2035 y 2040. Lo que supone, entre otras cosas, que los vuelos, la navegación marítima y los demás transportes han de descender a cero.

En la sala todas las miradas se cruzan durante un instante. Nos encontramos muy lejos de lo que se suele leer y escuchar sobre eso que se ha llamado el «cambio verde» y de lo que ciertos representantes de la política y de la industria hablan con tanta complacencia.

—Según nuestros cálculos, con el ritmo actual de emisiones nos quedan entre seis y doce años. Y eso que ni siquiera hemos tenido en cuenta los productos fabricados en otros países. Si los contáramos, aún tendríamos menos tiempo —continúa Kevin—. A veces termino mis conferencias citando al futurólogo y divulgador Alex Steffen, que dice: «Ganar despacio es lo mismo que perder». Tiene toda la razón porque sencillamente no nos queda tiempo, el cambio debe empezar ya.

Suecia cuenta desde hace poco con una ley del clima de la que muchos responsables políticos están muy contentos y orgullosos. Y aunque la idea de esta legislación resulta algo positivo, ni a Isak ni a Kevin se les ve demasiado impresionados.

—La ley sueca del clima debe reconsiderarse de manera inmediata si es que ha de surtir algún efecto —dice Kevin—. En primer lugar, debe incluir un presupuesto de carbono e incorporar el concepto de «justicia climática» en consonancia con el Acuerdo de París hacia los países que todavía no gozan de unas infraestructuras y de un bienestar como el nuestro. Ese punto de vista debemos incorporarlo a nuestros cálculos y leyes climáticas. Después, por supuesto, hemos de incluir la navegación marítima y los vuelos internacionales de modo que podamos calcular todo lo que de verdad realizamos.

Cuando el invierno pasado, Kevin Anderson dio una conferencia en la Real Academia de las Ciencias Sueca ante, entre otras personas, la princesa heredera Victoria, comenzó advirtiendo de los peligros para la salud que acarreaba lo que iban a escuchar, ya que los asuntos sobre los que él investiga no son tan sencillos de digerir para la mayoría. Seguramente hace un par de años también nosotros hubiéramos necesitado de una introducción similar antes del encuentro con Kevin e Isak, pero ahora se ha convertido en una parte de nuestro nuevo día a día.

—Durante casi treinta años hemos sabido todo lo que necesitábamos saber sobre cambios climáticos, pero en todo este tiempo hemos elegido no hacer nada. Ni siquiera países progresistas como Suecia han hecho algo: si se contabilizan los vuelos, la navegación y los productos fabricados en el extranjero, las emisiones de Suecia están al mismo nivel que en 1992, cuando la ONU celebró su primera reunión sobre el clima. Para colmo, hemos dejado que los economistas dirijan nuestras decisiones. Engañamos a todos para que crean que hacemos lo que es necesario, pero la realidad es que ningún país industrializado hace nada que ni siquiera se acerque a lo que se requiere. En sueco hay una palabra fantástica para eso a lo que nos dedicamos: swindlee.

—*Svindleri*[*] —lo corrige Isak.

—*That's right! Svindleri!* —exclama Kevin riendo y continúa—: Si hubiéramos actuado entonces, como dijimos que haríamos, la cuestión climática no habría sido un problema tan grande. Hubiéramos podido resolverlo todo con nueva tecnología y cambios en las directrices económicas. Pero como llevamos treinta años hablando, mintiendo y dando largas al asunto, ahora se precisa un cambio sistémico, ya que el modelo económico actual no podrá solucionar la crisis climática. Y menos aún la crisis de sostenibilidad. Hay que sustituirlo —dice Kevin mientras cambia de postura en el sofá que,

[*] «Fraude.»

muy apropiadamente, parece haber salido de un mercadillo de segunda mano, igual que el resto del desgastado y desparejado mobiliario—. Pero ahora mismo hay muchos acontecimientos esperanzadores. Muchas señales indican que un cambio de sistema es posible y aunque el resultado de una gran parte del cambio que ya ha tenido lugar no siempre es bueno, las señales están ahí. La crisis financiera, la primavera árabe, Corbyn, Trump, Bernie Sanders, el precio de las energías renovables, el debate sobre la influencia del diésel y la gasolina en nuestra salud.

—Y el movimiento #MeToo —añado.

—Exacto —responde Kevin—. Probablemente nos encontremos frente a unos cambios sociales muy grandes. Resulta muy esperanzador.

Me inclino hacia Greta y le pregunto si le parece bien que cuente su idea. Asiente con la cabeza.

—Greta piensa hacer una huelga escolar delante del Parlamento en cuanto empiece el colegio en agosto. Va a sentarse allí todos los días hasta la fecha de las elecciones.

Las caras de Kevin e Isak se iluminan y se quedan parados como si acabaran de escuchar algo que les encanta y que nunca habían oído.

—¿Y cuánto tiempo vas a estar allí? —pregunta Kevin.

—Tres semanas —dice Greta tan bajo que casi no se la oye.

—Así que tres semanas, ¿eh? —repite Isak.

Greta lo confirma con la mirada.

—Yo creo que eso debería hacer que algunos políticos escucharan —dice Kevin con satisfacción.

—Se le ocurrió la idea durante una reunión telefónica para poner en marcha una versión sueca de *Zero Hour*. Es un nuevo movimiento de Estados Unidos que pretende que los niños exijan explicaciones a los políticos por no hacer nada —explica Svante—. Pero Greta cree que ya no basta con protestar. Cree que se necesita algún tipo de desobediencia civil. Algo que sea ilegal, pero sin pasarse. ¿Verdad, Greta?

Svante pregunta como suele hacer cuando habla por Greta, ya que su mutismo se interpone. Ella asiente.

—Pero en ese caso tiene que hacerlo todo sola. No podemos estar entre bastidores ayudándola —aclara Svante.

—Pero Greta ya controla el asunto mucho mejor que Svante y yo —añado—. Es solo mérito de nuestras hijas que hayamos abierto los ojos a la crisis climática. Sin ellas nunca nos hubiéramos involucrado.

—Bien hecho, Greta —dicen Kevin e Isak al unísono.

Los ojos de Greta brillan y creo que algo se despierta en ese lugar y en ese momento, en la sensación de ser vista y escuchada en un contexto que, de hecho, tiene una importancia determinada.

Nos quedamos en silencio un rato. Los pensamientos ocupan la sala; pensamientos acerca de que esa pequeña niña casi invisible, sentada en una silla al lado de la ventana, tiene previsto colocarse bajo los focos y totalmente sola, con sus propias palabras e ideas, cuestionar los cimientos del actual orden mundial...

Encontrar un camino que nos saque de la crisis de sostenibilidad es hacer lo imposible, y yo adoro a cuantos están lo bastante locos para intentarlo. Sin embargo, cuando se trata de mi propia hija no soy ni mucho menos tan positiva y si dependiera solo de mí lo más probable es que dijera que no. Pero todavía falta para agosto. Y del dicho al hecho hay mucho trecho cuando eres una niña que ni siquiera ha terminado octavo.

Hace unos años, Kevin Anderson atrajo mucha atención al negarse a participar en una conferencia sobre el clima en Londres, puesto que todos los asistentes estaban obligados a pagar una tasa de compensación ambiental. Kevin Anderson sostiene que la compensación ambiental perjudica más que beneficia porque envía un claro mensaje de que hay una manera sencilla de eliminar el dióxido de carbono que emitimos y, por tanto, de neutralizar las emisiones.

—Si la idea de la compensación ambiental es errónea —pregunta Svante—, ¿no hay ninguna otra manera de compensar lo que hacemos aparte de abstenernos de hacerlo?

—No, no la hay. En primer lugar, si viajas en avión, mandas un claro mensaje mercantil a la aerolínea para que siga tranquilamente con sus actividades, que compre más aviones y que amplíe los aeropuertos. Algo que, por supuesto, es lo que sucede hoy en todo el mundo. Las compañías aéreas encargan más y más aviones nuevos y los aeropuertos se amplían. Al volar no ejerces ninguna presión sobre los políticos para que apuesten por el tren, algo que deberían hacer. Y, en segundo lugar, sueltas un montón de CO_2 en la atmósfera que afectará al clima durante miles de años. No va a desaparecer porque compres paneles solares para pueblos pobres de la India. Eso no significa que no compremos paneles solares para pueblos pobres de la India o que no plantemos árboles allí donde sea de utilidad ecológica plantarlos, aunque no en cualquier parte, ya que la tierra, la repoblación forestal y las emisiones son cosas muy complicadas de las que todavía sabemos muy poco. Pero no es necesario volar o comer hamburguesas antes para hacerlo. Favorecer la compensación ambiental es como pagar a los pobres para que se pongan a régimen por nosotros.

Escena 84

A micrófono cerrado

Después de unas horas en la universidad nos vamos a comer a unos jardines cercanos, al lado del invernadero tropical. A Roxy le damos, por fin, un gran cuenco de agua que, con el calor que hace, se bebe entero a entusiastas lengüetadas antes de meterse debajo de la mesa y de acomodarse. Pedimos un menú vegano, mientras Greta reserva su bote de cristal con pasta hecha de soja para el viaje de vuelta a casa.

—Yo también como la mayoría de las veces la misma comida a diario —dice Kevin a Greta—. Me alimento, sobre todo, de pan y brócoli. Todos creen que bromeo cuando lo digo, pero es sencillo y práctico. Y bueno, es que también me gustan mucho el pan y el brócoli.

Greta asiente levemente con la cabeza a modo de respuesta, y supongo que Kevin lo dice medio bromeando y más como muestra de empatía que de excentricidad.

Hablamos de nuestros veranos en Lewes cuando Greta era pequeña y, por supuesto, cuento mis recuerdos infantiles de mis estancias en el convento en Whitby. Nos metemos en el papel de suecos que hablan inglés y, como es normal, nos convertimos en personas algo diferentes a como somos cuando hablamos en sueco.

—Tienes que venir a Dalhalla* —decimos, y Kevin pregunta a qué distancia está de Upsala.

* Antigua cantera reconvertida en un espacio para representaciones teatrales y musicales al aire libre en la provincia de Dalecarlia.

—¿Doscientos, doscientos cincuenta kilómetros?

—Puedes ir en bici —comenta Isak de una forma que nos hace entender que Kevin es muy buen ciclista.

Kevin es agradable y sociable, como cualquier inglés. Divertido, abierto y empático.

Hablamos de amistades que se ponen a prueba cuando dejas que la crisis climática afecte y cambie tu vida, pero Kevin dice que nunca ha tenido grandes problemas al respecto.

—Yo nunca me enfado con los negacionistas del cambio climático o con los escépticos —explica—. Ni siquiera los políticos o los mandamases me exasperan especialmente. Lo único que de verdad me indigna son otros investigadores que de manera más o menos consciente tergiversan los datos científicos para que parezcan menos alarmistas de lo que son. Eso me cabrea mucho.

Cuando se ve a Kevin Anderson hablar en público, se percibe que de alguna manera está enfadado, pero nunca lo parece. Más bien resulta apasionado, objetivo y convencido. Al escuchar su voz, se nota claramente un deje de rabia, pero jamás suena alterado.

—Hay algunas personas —continúa— que aseguran que nosotros los investigadores no debemos decir cómo son las cosas porque es demasiado político. Pero yo pienso que es justo lo contrario. Guardar silencio es lo verdaderamente político, pues el silencio significa que todo va bien, que no pasa nada, y es un mensaje muy poderoso que respalda el *statu quo* o el *business as usual*. Muchos investigadores también dicen que nuestro mensaje no puede manejarse dentro del sistema político y económico actual y por eso tenemos que adaptar lo que decimos a la realidad predominante en la sociedad. Sin embargo, considero que eso también es un error garrafal. Los que nos dedicamos a la investigación del clima solo somos investigadores del clima. Nuestro cometido es presentar datos sobre el clima. No somos expertos en política o en asuntos sociales, así que no resulta apropiado que permitamos que la política (ni la preocupación por la acogida de nuestros resultados) dirija nuestro trabajo. Nuestra labor consiste en investigar y en proporcionar datos.

Terminamos de comer y retiramos las bandejas. En su afán por comerse tres trozos de pan sobrantes, Roxy vuelca el cuenco de agua. Para explicar la aversión a hablar claro que tienen muchos de sus compañeros investigadores, Kevin se remonta una vez más a los años posteriores al testimonio de James Hansen en el Congreso de Estados Unidos y a la primera Cumbre de la Tierra de la ONU, celebrada en Río de Janeiro.

—Creo que como empezamos a trabajar en este tema después de la cumbre de Río de 1992, cuando reinaba un gran optimismo sobre nuestra capacidad para resolver el problema, el espíritu positivo se ha mantenido. Y el optimismo entonces era legítimo. Luego, a medida que han ido pasando los años sin que ocurra nada, los problemas, claro, se han acumulado y han empeorado. Pero sigue manteniéndose aquel optimismo inicial. Muchos investigadores se han comportado como la rana en la olla. ¿En qué momento hay que saltar de la cazuela?

—Pero ¿ha empezado a cambiar algo? —pregunta Svante.

—Sí, ahora que los cambios climáticos se producen mucho más rápido de lo que ninguno de nosotros calculamos, vemos más y más investigadores que deciden ser francos. Aunque sucede muy poco a poco y todavía al hablar en público se opta por lo general por suavizar y bajar el tono del mensaje. Si, por ejemplo, te tomas una cerveza con un investigador o con un político que sabe del tema, te dirán lo mal que están las cosas. Sin embargo, en cuanto les pones un micrófono delante, siempre sueltan algún disparate optimista sobre el cambio climático.

Salimos de la sombra del manzano al abrasador sol de Upsala. En el camino de vuelta a la universidad preguntamos a Kevin e Isak con qué frecuencia les piden que participen en los medios de comunicación y en los servicios públicos.

Por supuesto, sabemos lo difícil que es que la televisión pública sueca, la SVT, programe algo sobre el clima, pero aun así queremos preguntar, al menos para saber si ha participado en algo más que en una especie de testimonio documental del año 2018. Hasta nosotros hemos intentado venderles diferentes ideas para programas, pero ni siquiera con el respaldo del productor de televisión más célebre y con más éxito de Suecia han mostrado interés.

«Hemos escuchado la charla veraniega de Johan Rockström en la radio, y en definitiva nos ha parecido muy esperanzador. Esto vamos a solucionarlo», dijo un responsable de la programación televisiva después de rechazar seis capítulos de una serie que mezclaba información y entretenimiento sobre el clima y la sostenibilidad.

Pero ahora que desde hace ya bastante tiempo tenemos a uno de los principales investigadores del mundo sobre el clima trabajando en Upsala durante varios meses al año, seguro que la SVT y la TV4 habrán aprovechado la ocasión para hacer algo sobre el tema que más preocupa a los suecos..., ¿no?

Pues no. No le ha llegado ningún encargo de la SVT ni de la TV4.

—Sin embargo, hemos visto un gran aumento del interés de otros medios desde que Kevin está aquí —explica Isak—. A menudo se solicita nuestra presencia y hemos colaborado bastante en la radio, los periódicos y la televisión regional.

—Vale, pero ¿cuántas veces ha salido Kevin en los informativos nacionales, como *Rapport*, *Aktuellt* o los de la TV4?

—Ninguna —responde Isak.

—¿Y cuántas veces le han pedido que participara? —insistimos.

—Ninguna —repite Isak.

—¿Y entrevistas en *Dagens Nyheter* o *Svenska Dagbladet*?

Isak hace una leve mueca y niega de nuevo con la cabeza antes de repetir su respuesta por tercera vez:

—Ninguna.

De camino a Estocolmo en el coche eléctrico nos acordamos de todas las cosas que hemos olvidado preguntar.

Pero no importa porque no era necesario formularlas.

El caso es que no se percibe resignación, oscuridad o melancolía cerca de Kevin Anderson.

Solo una determinación concreta, tranquila y esperanzadora.

Escena 85

«Nunca es tarde para hacer todo lo que se pueda»

PÄR HOLMGREN

Si la historia del planeta se redujera a un año, la Revolución Industrial sucedería más o menos un segundo y medio antes de medianoche. En Nochevieja.

Durante este período tan increíblemente breve desde un punto de vista histórico, ya hemos causado tanta destrucción que nuestra devastación solo puede compararse con las llamadas cinco extinciones masivas de especies que ha sufrido nuestro planeta hasta ahora. Aunque con una gran diferencia: el tiempo.

Fenómenos que sin la intervención humana tardarían en desarrollarse cientos de miles o millones de años, nosotros los liquidamos en unas pocas semanas, solo por el mero hecho de seguir con nuestra vida normal.

Estamos ya en plena sexta extinción masiva, como suele denominarse... Y no empezó a finales del siglo XVIII, sino que lleva en marcha miles de años.

Muchos creen que hubo una época en que el ser humano vivía en armonía con la naturaleza, pero en realidad un período así no ha existido nunca.

Ha habido personas que han vivido en armonía con la naturaleza. Pero nunca la humanidad.

Dondequiera que hayamos aparecido en la tierra, hemos dejado tras nuestros pasos la devastación. La relación entre el momento de la aparición geográfica del ser humano y la cronología de la extinción de especies animales (sobre todo, animales muy grandes, la llamada «megafauna») habla por sí sola.

Es tan elocuente que podemos desecharla. Si queremos.

Escena 86

Testamento desde una sobreabundancia histórica para las futuras generaciones

Llegará un tiempo en que ya no estaremos aquí.

Llegará un tiempo en que nuestros hijos y nietos y sus hijos ya no estarán aquí.

Un tiempo en que, en el mejor de los casos, seguiremos viviendo en algún que otro árbol genealógico, un disco duro o alguna fotografía polvorienta donde ya nadie reconocerá a nadie.

Antes o después caeremos en el olvido, con independencia de lo importantes que hayamos sido, de lo mucho que nos hayan odiado o querido.

Es un pensamiento difícil. Y no será más fácil cuando nos demos cuenta de que al final no contarán solo nuestras experiencias, las buenas acciones y la compasión. Porque resulta que esa sana y humanista educación que a casi todos nosotros se nos ha inculcado pasó por alto un pequeño detalle: nuestra huella ecológica.

El caso es que llegará un tiempo en que todos nosotros habremos desaparecido y se nos habrá olvidado y que lo único que quedará de nosotros serán esos gases de efecto invernadero que de manera más o menos inconsciente hemos enviado a la atmósfera.

De camino al trabajo.

Al supermercado.

A H&M.

O de camino a una grabación para la televisión en Tokio.

Algunos de ellos flotarán allí arriba durante mil años.

Algunos serán absorbidos por árboles y plantas.

Y algunos quizá serán absorbidos y se almacenarán en lo más profundo del sustrato rocoso con la ayuda de algún descubrimiento y de alguna ingeniosa técnica logística que nadie ha inventado aún.

Quizá se haya descubierto un aspirador para los mares también. Una máquina mágica que pueda limpiar nuestros océanos de todo el dióxido de carbono que hayan absorbido. Por lo visto, va a resultar necesario, ya que el 40 por ciento de nuestras emisiones de dióxido de carbono las absorben los mares y causan una acidificación que muchos consideran una amenaza muchísimo mayor que el efecto invernadero que tiene lugar en los estratos altos de la atmósfera.

De modo que vamos a seguir viviendo; pero quizá no como nos habíamos imaginado.

Porque, salvo muy raras excepciones, ningún recuerdo de nosotros sobrevivirá a la huella ecológica que vamos dejando a nuestro paso.

Si todo esto resulta un poco duro y desesperanzador, recordad que quizá solo se precisa un único gran ídolo o influencer para empezar a reconfigurar el mapa. Sin duda, el poder de los famosos es un asunto discutible, pero la realidad de hoy es así y no nos da tiempo a cambiarla. La ventaja es que en un mundo donde todos estamos conectados basta con que un solo rey, una superestrella o el Papa decidan luchar personalmente por las emisiones cero, con todo lo que comporta (esto es, el veganismo, el renunciar a viajar en avión y el uso de paneles solares), para que el cambio esté más cerca de ser real.

Nadie puede cambiar el sistema solo. Pero una única voz basta para desencadenar un efecto en cadena capaz de ponerlo todo en movimiento, si la voz es lo bastante fuerte.

CUARTA PARTE

¿Y si la vida va en serio y todo lo que hacemos significa algo?

But man is part of nature,
And his war against nature
Is inevitably a war against himself.*

RACHEL CARSON

* «Pero el hombre es parte de la naturaleza, / y su guerra contra la naturaleza / es inevitablemente una guerra contra sí mismo.»

Escena 87

Más al norte, julio de 2018

Hace calor en Luleå. Mucho calor. Svante se enjuga el sudor de la frente, se sacude la camisa para airearse un poco y resopla con fuerza. Pero a la recepcionista no le interesa nada esa comunicación no verbal.

—Ahora que por fin hace un poco de calor aquí arriba no quiero oír ninguna queja —dice como si se tratara de algo mucho más importante que la temperatura.

—Claro que no —responde Svante mientras marca el pin de la tarjeta.

Hay que saber elegir las batallas.

Greta y Roxy lo esperan en la calle peatonal delante del hotel y juntos cargan con el equipaje hasta el coche eléctrico y abren el maletero. Svante mete con mucho esfuerzo la maleta con el microondas, la placa de inducción y todas las comidas posibles que Greta pueda necesitar durante las próximas dos semanas. Luego Roxy sube de un salto y se acomoda mientras Greta teclea el destino en el GPS del coche y salen del aparcamiento.

—Faltan veinte kilómetros para que lleguemos sin cargar la batería —informa Greta, mientras lenta y casi en un completo silencio enfilan la E4.

—Hoy solo vamos a conducir con la batería —dice Svante—. Despacio. Minimizamos el consumo eléctrico y ya veremos hasta dónde llegamos.

Toman la E4 en dirección Kalix y allí giran hacia el norte, hacia Gällivare.

Por la ventanilla del coche va desfilando el paisaje veraniego a ochenta kilómetros por hora. A sus ojos el bosque presenta ahora un aspecto diferente. No hace muchos años veían árboles y naturaleza y un terreno virgen. Ahora ven áreas taladas, plantaciones y monocultivos que han privado a la tierra de su diversidad y sus defensas.

Greta habría preferido ir en tren, claro, ya que ningún automóvil puede considerarse sostenible, por muy eléctrico que sea, pero sigue siendo imposible debido a los trastornos alimentario y obsesivo compulsivo que sufre. No obstante, el mero hecho de que hayan podido viajar así ya es un gran éxito que hace tan solo unos meses habría resultado inviable. La energía de Greta ha ido aumentando poco a poco desde la primavera pasada. Desde el concurso de escritura de *Svenska Dagbladet*. Desde que empezó a planificar su huelga escolar.

Un calor veraniego de veintisiete grados envuelve las granjas. Granjas abandonadas. Granjas vivas. Granjas con animales y personas.

Granjas con montones de vehículos viejos y deteriorados: coches, tractores, caravanas, motonieves, máquinas quitanieves, ciclomotores y motos. Casi todas las vías de acceso a las granjas son potenciales museos del motor.

Pero un poco más lejos de la carretera se intuye también el sueño de otra vida, más sencilla y quizá mejor. Pequeñas cabañas rojas se alzan de la consumida tierra y perfilan la silueta de una época que casi parece congelada en el tiempo.

Escuchan el audiolibro *Esto lo cambia todo*, de Naomi Klein. De vez en cuando pulsan el botón de pausa y comentan lo que acaban de escuchar. Luego vuelven atrás y lo escuchan de nuevo.

Escuchan, paran la grabación y comentan.

Los arbustos, la maleza y el verdor del bosque de pinos se extienden durante casi todo el camino hasta el círculo polar ártico y el exótico cartel que anuncia que a partir de ese momento se traspasa el límite de cultivo, la frontera del territorio donde los colonos no podían asentarse.*

La carretera es recta casi hasta el infinito y está desierta. Kilómetro tras kilómetro del mismo paisaje. Árboles escuálidos que aún se hacen más pequeños conforme se alejan del golfo de Botnia.

De los pinos cuelgan una especie de varas negras que no sabemos qué son. Greta saca unas fotos y dice que pueden preguntar a alguien al día siguiente cuando lleguen.

Las condiciones son perfectas para el coche eléctrico y la batería dura cada vez más en relación con el destino final.

—De todos modos paramos a cargar en Kiruna. Además, tenemos que comprar pan y verduras, ¿verdad?

—Mmm... —contesta Greta.

En el supermercado Coop en Kiruna se alardea de «El avance climático de Norrbotten». De momento, ese progreso parece consistir en dos cargadores para coches eléctricos en un rincón del gigantesco aparcamiento del centro comercial de la ciudad. Uno de ellos, roto, luce un triste brillo rojo, pero el otro funciona y, después de que Svante le pida amablemente a la persona que está allí con el motor en marcha de su todoterreno si le importaría cambiarse a alguna de las otras plazas libres, pueden bajar del coche y enchufar el cable. La batería se carga a un ritmo de cincuenta kilómetros la hora, de modo que cruzan andando el aparcamiento, repleto de vehículos, en dirección a un pinar donde dejan que Roxy se desahogue corriendo un poco y olfateando por los alrededores. Está lejos de County Cork y del patio donde se crio.

* Frontera administrativa en las provincias septentrionales de Norrbotten y Västerbotten que separa los terrenos de cultivo de las zonas montañosas, fijada a finales del siglo XIX, con el objetivo de proteger el territorio sami y los pastos de los renos.

También hace calor en Kiruna. Igual que en Luleå. Huele a gases de escape, a humo de fritura y a césped recién cortado. Un hombre sale de la tienda Rusta con una desbrozadora bajo el brazo. Viste pantalón corto vaquero, una camiseta blanca y bajo el otro brazo lleva una caja de cartón vacía que deja en el suelo delante de la puerta de la tienda. Está preparado para salir a darle su merecido al verdor ártico.

Van a los servicios del Burger King, abriéndose paso entre sillas, bandejas atiborradas y mesas repletas de whoppers, Coca-Colas y patatas fritas. El suelo está pegajoso por el kétchup y los refrescos derramados.

Unos hombres vestidos de senderistas están delante de la tienda de licores Systembolaget con cajas de cerveza y cañas de pescar; sus mochilas se encuentran desparramadas por la acera. A la espera de salir de viaje hacia las tierras salvajes, han convertido su pequeña parte del centro comercial en un vestuario deportivo masculino: sueltan palabrotas, escupen y se ríen con fuerza. Venga, a pescar. A por la naturaleza. A por las cervezas.

Tras comprar lo que tenían previsto, Greta y Svante continúan el viaje. En la radio suena la canción favorita de Beata: «Whatever it Takes», de Imagine Dragons, y Svante la echa tanto de menos que siente dolor.

Ojalá hubiera podido ir con ellos.

Ojalá pudieran hacerlo todo juntos.

Al fondo, detrás de la mina de Kiruna, se divisan las montañas y todo el territorio virgen que ya no lo es tanto. Svante intenta señalar dónde va a situarse el nuevo centro de la ciudad de Kiruna, pero no lo tiene muy claro. Todo lo que se ve allí arriba a la derecha es una gran colina de hierba y algunos bloques de apartamentos proyectados por el arquitecto Ralph Erskine.

—Creo que el centro estará por ahí arriba, detrás de esa colina, pero no estoy seguro —dice Svante—. Se va a desplazar gran parte de la ciudad porque al parecer ya no es seguro. La iglesia, el ayuntamiento, el puesto de salchichas. La mina ha crecido tanto y han extraído tanta mena de hierro que todo está a punto de hundirse. Y ahora la LKAB* se jacta de que ellos van a financiar generosamente todo el traslado.

—Bueno, es lo menos que deberían hacer —dice Greta.

—Sí, la industria minera no es lo que se dice una actividad sin ánimo de lucro —conviene Svante y vuelve a poner el audiolibro de Naomi Klein mientras siguen su camino conduciendo en paralelo a Malmbanan, la línea ferroviaria del hierro, en dirección al noroeste.

Al cabo de unas decenas de kilómetros se detienen a esperar a que cruce un rebaño de renos, y Greta saca fotos con su viejo y quebrado móvil que durante un año entero sirvió como router wifi para la familia de refugiados que vivían en nuestra casita en Ingarö.

Svante y Greta están ya en otro mundo; en él los coches todavía deben adaptarse a los animales. Los renos pasean lenta e indolentemente entre los camiones hasta que el coche puede pasar para seguir atravesando la llanura hacia el lago glaciar Torneträsk.

* Compañía minera sueca.

Escena 88

La máquina del tiempo

Svante piensa con tal intensidad que todo su cuerpo vibra. Quiere contestar a la pregunta. Quiere mostrar que domina el tema lo bastante bien para poder legitimar su presencia entre una veintena de becarios de universidades de toda Europa que llena la sala en la Secretaría de Investigación Polar en Abisko. Pero la pregunta es difícil:

—¿Cuál es el grado de rendimiento de las células solares?

A pesar de que la pregunta versa sobre energías renovables y de que todos los presentes estudian sostenibilidad, ecología, biología o climatología, nadie puede contestar. Svante quiere arriesgarse. Está pensando algo relacionado con la inclinación y los grados cuando Keith Larson, experto en ecología evolutiva de la Universidad de Umeå, de manera sorprendente, señala la mesa donde están sentados Greta y él.

Roxy duerme en el suelo bajo la silla de Greta y Svante siente cómo el estrés hace presa en él antes de ver con el rabillo del ojo a Greta con la mano levantada. No le da tiempo a reaccionar.

—Dieciséis por ciento —contesta Greta en inglés, en voz alta y clara, y es la primera vez en años que Svante oye a su hija hablar por propia iniciativa con alguien ajeno a la familia, aparte de Anita, su profesora.

Svante no sabe de dónde ha salido eso tan de repente. Y menos aún entiende el origen de la respuesta, la cifra «16 por ciento».

—¡Exacto! —responde Keith Larson con tono alegre delante de la pizarra antes de repetir la respuesta—. ¡Dieciséis por ciento!

Los estudiantes miran a Greta entre divertidos y asombrados mientras la conferencia prosigue allí, junto a la pantalla.

Después suben al tejado de la estación de medición, y Keith Larson explica que los grandes cambios empezaron a producirse a finales de los años ochenta del siglo pasado. Luego todo ha ido rápido. Muy, muy rápido.

—La nieve, el hielo y los glaciares retrasaban el proceso, aquí en el Ártico. Pero después, desde que empezó a derretirse en cantidades suficientes, todo ha ido mucho más rápido.

Keith es estadounidense, pero en la actualidad vive todo el año en esta estación de investigación, que es la más antigua del mundo todavía en funcionamiento. Se creó con ocasión de la construcción de la vía ferroviaria Malmbanan, y ahora se está llevando a cabo en ella un proyecto de investigación singular en que se repiten los mismos estudios realizados hace cien años. Se mide la vegetación en la ladera de la montaña Nuolja justo en los mismos lugares que entonces.

Y aunque los resultados distan todavía mucho de ser concluyentes, ya se pueden apreciar grandes diferencias. Algunas incluso a simple vista.

—Lo que ocurre aquí sigue, claro está, las mismas tendencias que en el resto del mundo. Las temperaturas aumentan y cerca de los polos es donde las diferencias son más grandes. El límite del arbolado trepa por las laderas de las montañas, la zona de arbustos va detrás y el medio alpino se reduce. Cuando las temperaturas suben, los árboles y arbustos pueden crecer a mayor altura, donde antes hacía demasiado frío.

Otro tren de mena de hierro atraviesa con estruendo el paisaje entre la estación y los picos de las montañas.

—Aquí en Abisko se ve el resultado de los cambios climatológicos de una manera diferente a la mayoría de los demás lugares. Aquí todo resulta palpable incluso para alguien que no tenga experiencia en estudiar este tipo de cambios. No hay más que echar un vistazo a la zona de arbustos, que hoy es cuatro veces más grande de lo que era hace tan solo cien años.

Keith Larson explica que quizá el mayor problema sea la reducción de la zona alpina, pues significa que a las especies que viven ahí las apartan otros animales, insectos y plantas que acompañan el ascenso de los árboles por las vertientes montañosas. Han de moverse hasta que ya no les queda ningún sitio al que ir. El equilibrio se altera. Las condiciones cambian.

—Si uno mira el límite del arbolado en Nuolja, se ve que ha ascendido por las laderas de la montaña, al igual que ha pasado en innumerables sitios en todo el mundo. Ahora han construido un telesquí allí también, de modo que los renos no han pastado justo en esa zona, lo cual influye, pero los resultados son similares a los de otros lugares donde los renos sí han pastado —dice Keith Larson señalando la montaña.

Hace calor en el tejado, por lo que deciden bajar y ponerse a la sombra para seguir hablando. Sin embargo, antes de bajar y dejar atrás las vistas de las montañas, Keith Larson indica con el dedo el que quizá sea el cambio más llamativo.

—Hace cincuenta años, el límite del arbolado se hallaba en el mismo sitio en el que estuvo cuando Friis realizó su estudio hace cien años. Pero ahora se mueve. Cada vez más rápido. Hoy se encuentra a doscientos treinta metros más arriba.

—¿A doscientos treinta metros? —repite Svante.

—Sí, a doscientos treinta metros —afirma Keith—. Esta es la primera línea con el Ártico. Como comentamos, los cambios aquí van muy rápido. Y me sorprende que no haya más investigadores en Suecia y en Abisko. Porque hay un entorno tan único y ocurre tal cantidad increíble de cosas...

La mañana siguiente, Greta, Svante y Roxy acompañan a cuatro estudiantes alemanes en la recogida de datos a lo largo del mismo camino que Friis utilizó para su estudio entre 1916 y 1919. Yrsa, la hija de nuestro editor, también va con ellos. Durante el verano trabaja como observadora para Keith y su equipo.

—Es singular que se hayan conservado estudios tan detallados y que puedan usarse ahora en nuestra investigación, cien años más tarde. Es como una máquina del tiempo —explican los estudiantes.

Empiezan casi en la cima de la montaña poniendo soportes por el sendero y registrando datos con sus iPads.

Greta y Svante los siguen a distancia. Las vistas son magníficas y se puede ver muy lejos. Torneträsk. Las montañas. Y luego Malmbanan, claro, que nunca descansa. Abajo, a lo lejos, ven los trenes que se afanan por avanzar hacia Narvik y Noruega. Hacia el puerto, los barcos, los mares y las impacientes industrias repartidas por todo el mundo.

En lo alto de la montaña es invierno tardío. Más abajo, llega la primavera con flores y arroyos murmurantes. En la zona de los arbustos es verano y la hora de comer. Los mosquitos zumban y huele a flores y líquenes. No hace viento y todos se quitan las chaquetas y los jerséis de lana.

—Supongo que siempre vivís así de bien, ¿no?—bromea Svante.

—No exactamente —contestan riendo.

Greta se sienta a unos metros de distancia de los demás. Saca su táper de cristal con pasta de soja cocida, su tenedor y respira hondo, aunque de manera casi imperceptible. Luego empieza a comer.

Es la primera vez en casi cuatro años que come junto a gente que no conoce.

Se ha transportado a la época anterior a las obsesiones y los trastornos alimentarios.

O más bien...

A la época posterior.

Escena 89

Noches tropicales

—Llevo más de treinta años aquí —dice la recepcionista que sirve gachas de avena recién hechas para desayunar—, y nunca había vivido nada semejante. Tener más de veinte grados toda la noche. No deja de ser algo rarísimo.

—Si la temperatura no baja de los veinte grados en toda la noche creo que se llama noche tropical —responde Svante—. Y no debe de ser muy habitual al norte del círculo polar ártico —dice riéndose para no volver a cometer el mismo error que en el hotel anterior.

Pero aquí no se recibe al calor con el mismo entusiasmo generalizado que más al sur, en Luleå. Aquí más bien reina una tímida preocupación por el extremo calor veraniego, y el personal del hotel no sabe cómo contestar a las preguntas de los clientes sobre dónde se podría «hacer senderismo a la sombra», si «va a hacer mucho calor en lo alto de la montaña» o si «se puede llegar hasta Lapporten* con el calor que hace».

Svante se llena el plato con las gachas y evita preguntar si hay leche de avena porque la probabilidad de que la tengan no le parece lo bastante alta para arriesgarse a que lo tachen de finolis y difícil.

En otras palabras: de estocolmense.

Como si eso no hubiese quedado claro al ver el cable que sale del enchufe del calefactor de infrarrojos que hay en la terraza del hotel y

* «La puerta de Laponia» es un valle en forma de U, situado cerca del Parque Nacional de Abisko.

que va al coche eléctrico encajado entre el aparcamiento y la pequeña terraza de madera del restaurante. Greta desayuna en la pequeñísima habitación, con Roxy. Rebanadas de pan integral con sabor a arándanos rojos de la marca Pågen, como siempre. Sin nada encima.

En la terraza hace calor. La mantequilla se derrite en el pan, como si Svante estuviera en Italia o en Barcelona. Se sirve la cuarta taza de café mientras los últimos clientes se marchan y el personal del hotel se sienta a una mesa al lado para descansar un rato al sol.

Hablan del calor, claro. Y sobre quién ha dicho o hecho qué en el pueblo. Son cuatro mujeres, una de ellas procedente del sur, de la provincia de Hälsingland. Y parece que es a ella a la que más le cuesta soportar el calor, algo que, como no podía ser de otra manera, también es objeto de comentarios y bromas.

Que si debería estar acostumbrada, etcétera. Es también ella quien informa a los clientes de cómo pueden mantenerse en la sombra cuando van a hacer senderismo.

—Casi mejor no salir —dice la mujer sin ningún deje de ironía.

En algunos momentos, la conversación se ahoga en el estruendo de un helicóptero que despega o aterriza en el helipuerto de arriba. Huele a queroseno, a café y a conglomerado.

Al cabo de un rato, llega un hombre y se sienta con las mujeres. Se conocen bien. Es piloto de helicópteros, y la conversación deriva hacia cómo van las cosas por los otros hoteles y cabañas de la región.

—Ayer había veinticinco grados en Kebnekaise —decían. Y—: ¿Habéis oído que el pico sur ya no es el más alto por lo mucho que se ha derretido el glaciar?

Eso no es ninguna novedad.

Los negocios van bien en el mundo de los helicópteros, pero el piloto no parece demasiado contento. Reflexiona sobre cómo se podría aumentar la rentabilidad para todos si él bajara los precios drásticamente de modo que casi no cubrieran ni los gastos de combustible ni del mantenimiento del helicóptero: si todos colaboraran amortizarían tales gastos y podría llevar a más gente a las cabañas, y más gente en circulación generaría mayores ingresos para todos.

A todo el mundo le parece una idea estupenda.

Svante, por supuesto, tiene algunas objeciones, pero se las guarda para sí.

Esta es una parte de Suecia que ha pagado por casi todo. Han explotado la tierra. Han destrozado los ríos con la construcción de presas. Han devastado los bosques. Y el dinero siempre ha ido a parar a carteras de gente más al sur. Unas carteras, además, bastante abultadas.

Muy abultadas.

Greta y Svante preparan su bolsa de comida y las mochilas para la caminata del día. Cruzan la explanada de grava delante del hotel. Roxy va delante corriendo, pero cada diez metros se para y busca las miradas de Greta y de Svante. El descanso del personal del hotel se ha acabado y ahora tres de las empleadas se han reunido alrededor de la bomba de calor aerotérmica con el folleto de instrucciones, que va pasando de mano en mano. Se turnan leyendo en voz alta mientras toquetean con cuidado el panel con botones y la pequeña pantalla digital.

—O sea, se supone que debe bombear aire frío también —dice la recepcionista—. Como el aire acondicionado.

El termómetro que hay delante del supermercado indica una temperatura de 31,7 °C, y Svante y Greta están al borde del ataque de pánico. Arriba, en la montaña, seguro que hace menos calor, pero allí no hay casi nada de sombra. La nieve que cubría los picos ha desaparecido casi por completo en apenas tres días.

Pero a lo largo del río debería hacer más fresco, piensan, y así es. También hay un poco de sombra aquí y allá en el bajo bosque montañoso. De vez en cuando se detienen y se refrescan con el agua de los rápidos. Los árboles, la tierra, la hierba, las plantas y la turbera huelen a algo que nunca han olido. Tras varios días de calor extremo, ha surgido un nuevo medio ambiente. Un mundo nuevo con nuevos aromas, nuevos colores y nuevas condiciones. A veces se arrodillan y apoyan la nariz en el suelo y el musgo y se limitan a oler.

Junto al río, al pie de unas rocas blancas, deciden hacer un descanso. El agua del rápido, verde y espumosa, corre con fuerza en el centro del río y hacia la ribera opuesta. Si la corriente se llevara a Roxy no tendría nada que hacer; la corriente y las cataratas la arrastrarían unos cinco kilómetros hasta Torneträsk. De modo que permanecen en una pequeña cala cerca de la ribera.

El agua baja fría. Aunque no demasiado. Se dan un chapuzón y le pegan unos buenos tragos al agua en la que están nadando. Luego se sientan en las rocas a secarse al sol, hasta que tienen demasiado calor. Entonces vuelven a meterse en el río.

Greta encuentra una piedra negra en la orilla con la forma exacta de un corazón. Un corazón perfecto, negro como el carbón.

—Como el caballero Kato —dice—. Un corazón de piedra. Deberíamos tirarlo al agua como en *Mío, mi pequeño Mío*.*

—Venga —la anima Svante.

Pero Greta duda.

—Aunque piensa que a esta piedra le ha llevado millones de años acabar justo aquí, en esta ribera. ¿Y si pasara alguien por aquí y la viera y se pusiera contento?

—¡Bah! —suelta Svante, rápido como un rayo—. Los seres humanos tenemos tantas cosas por las que estar contentos y agradecidos... No nos merecemos más.

Greta coge la piedra negra y la lanza con todas sus fuerzas al centro del río. Roxy pega un respingo y está a punto de tirarse al agua a buscarla, pero se detiene enseguida y se queda en la orilla mirando cómo van desapareciendo las ondas entre el fragor y los remolinos del rápido.

* Libro de Astrid Lindgren.

Escena 90

Tiene que pasar algo grande e inesperado

La mañana siguiente hace mucho menos calor. Chispea y un tiempo muy diferente llega de las montañas. Suben el sendero hacia el lago Trollsjön y Roxy corretea zigzagueando arriba y abajo por la ladera de la montaña. El paisaje es una mezcla entre *Sonrisas y lágrimas* y *El Señor de los Anillos*, con bloques de piedra gigantescos que descansan en la verde hierba entre las paredes rocosas que se alzan como rascacielos hacia el cielo a ambos lados del valle. Por todas partes hay flores amarillas.

La energía de Greta sigue aumentando día a día. Habla de la huelga escolar y pregunta una y otra vez cómo debe hacerlo.

—Pase lo que pase debes hacerlo todo sola —dice Svante por décima vez—. Debes estar preparada para cualquier tipo de pregunta. Y tener a punto todos los argumentos y todas las respuestas. Los periodistas te preguntarán sobre absolutamente todo.

—¿Qué preguntarán?

—Lo mismo que ya te he explicado —responde Svante.

—Pero dime más cosas. ¿Qué podrían preguntarme? Pregúntame tú como si fueras ellos.

—¿Son tus padres los que te han dicho que hagas esto? Eso lo oirás a todas horas.

—Entonces, contestaré la verdad y ya está: que soy yo la que he influido en vosotros, y no al revés.

—Exacto.

—Pueden entrar en mi cuenta de Twitter y ver lo que he escrito —continúa Greta—. Y solo porque sea tímida y un poco antisocial no significa que he vivido en una burbuja. He ganado concursos de escritura. He convencido a editoriales de que cambien el contenido de sus libros de texto para el colegio. Ese tipo de cosas pueden leerse en internet.

—Aunque eso no lo mirarán. Por desgracia. Solo los haters de la red buscan informaciones del pasado. A nadie más le importa eso. Y si no encaja bien con la historia que quieren escribir, te garantizo que no lo mencionarán. Pero la gente va a entenderlo. Tu lucha por el clima no es precisamente un secreto. Hay incluso una presentación para vender un programa de televisión que trata de cómo conseguiste convertir a mamá en una «involuntaria luchadora por el medio ambiente», y de cómo la presentación la hicieron un productor y una empresa productora que en principio pueden hacer lo que les dé la gana; seguro que todo el personal de la SVT la ha leído.

Greta asimila lo que le dice su padre.

—Al final no se hizo ningún programa sobre eso, ¿verdad?

—No, ya podemos olvidarnos. Hace año y medio ya, y se ve que la televisión pública no quiere tocar el asunto del clima ni de lejos.

—Pero ¿qué más me preguntarán? —continúa Greta.

—De todo. Lo único importante es que siempre digas la verdad y que te centres en los hechos. Tienes que tener a mano todos los datos y asegurarte de saber lo que estás diciendo. Quizá terminen con un «Pero, entonces, ¿qué quieres que hagamos?» o «¿Qué es lo más importante?», porque los adultos hemos aprendido que hay que dar respuestas concretas a todas las preguntas, aunque no las haya. Es más importante cómo se dice algo que lo que se dice. Así que has de tener esto en cuenta.

—De acuerdo —dice Greta asintiendo despacio—. Pero es que no hay soluciones dentro del sistema actual. Lo único que podemos hacer es empezar a tratar esta crisis como tal.

—Exacto. Aunque eso nadie lo entenderá. Así que tendrás que repetirlo continuamente. Una y otra vez.

Lo que Svante quiere en verdad es que Greta se olvide de la idea de hacer una huelga escolar, al igual que yo. Sería lo más cómodo. Pero también ve esa energía que la invade cuando habla y piensa sobre su huelga, de modo que intenta contestar a todas las preguntas que Greta le formula. Por muy pesado que esto resulte.

Abandonan el sendero y se adentran en los enormes bloques de piedra. Van subiendo hasta que dan con el sitio perfecto para comer: bajo una roca que forma un saliente a modo de protección contra los chubascos que van y vienen.

Svante nos envía una foto a Beata y a mí por teléfono. Para nosotros sigue siendo algo importantísimo el hecho de que Greta sea capaz de comer en sitios nuevos... Y además, al aire libre. Pasta de soja cocida con un poco de sal y unas rebanadas del pan integral con sabor a arándanos rojos pueden llevarse casi a cualquier sitio, lo que abre un amplísimo espectro de posibilidades.

Como la de hacer senderismo en las montañas, por ejemplo.

El sol vuelve a asomarse entre las nubes. Toda la pared rocosa es como una gigantesca e improvisada catarata. A lo largo de varios kilómetros el agua chorrea por las paredes rocosas.

Miran hacia el valle, a unos cientos de metros más abajo, donde se extiende un pequeño delta sobre el frondoso terreno de hierba y cientos de renos se mueven como diminutas hormigas.

De repente, unos renos echan a correr fuera del rebaño y otros les siguen el ejemplo. Al cabo de un rato ralentizan el ritmo, se detienen y siguen pastando.

—Hacer una huelga escolar por el clima resultará incomprensible para todos los que no entienden hasta qué punto la situación es seria —dice Greta muy contenta, casi eufórica—. Y como casi nadie lo sabe, casi nadie lo entenderá. Me van a odiar de una manera... —añade entre risas.

—Quizá los niños lo entenderán —replica Svante.

—No. Los niños hacen como sus padres —contesta ella—. No he conocido a ninguno al que le preocupe el clima. Todos dicen que los niños nos salvarán, pero yo no lo creo.

Svante permanece en silencio. Aún conserva la esperanza de que Greta se equivoque.

—Si nos quedan dos años antes de que deba bajar la curva de emisiones —continúa ella—, no solo tiene que empezar a pasar algo ya, sino que en la próxima primavera algo tendrá que haber pasado. Algo muy grande e inesperado.

En el valle, los renos se mueven despacio alrededor del delta. Ahora el aire es más cálido.

Recogen sus cosas y siguen caminando hasta el inicio de la última subida que conduce al lago Trollsjön, donde al parecer se puede ver el fondo a unos treinta, cuarenta metros porque el agua es muy cristalina... Ven que las paredes rocosas alrededor del lago rezuman lluvia y agua del hielo derretido y todo está en constante movimiento. El viento lleva la humedad de un lado a otro.

Se puede intuir el lago al otro lado del saliente, en lo más alto del sendero.

Pero Greta parece cansada.

—¿Aguantas? —pregunta Svante—. Solo nos quedan cien metros, casi hemos llegado.

—No sé —contesta Greta.

Se quedan parados un instante. Hacen unas fotos con el móvil. Descansan.

—Cuando era pequeño siempre me enseñaban que nunca había que rendirse. Siempre hay que intentar dar un poco más de sí —dice Svante y se dispone a iniciar un breve monólogo—. Mi primer trabajo de verano fue en una lavandería en Bromma, a la que tardaba una hora y media en llegar por las mañanas. Tenía que lavar sábanas y mantas del geriátrico manchadas de excrementos, y después del primer día quise dejarlo, pero tu abuela me obligó a continuar y siempre he pensado que eso fue algo muy, muy bueno. No me rendí, pero ahora la verdad es que ya no estoy tan seguro de haber hecho bien. A veces pienso que debemos rendirnos más a menudo. O al menos retroceder unos pasos.

Chispea de nuevo y quedan cuatro kilómetros hasta la carretera. Llevan diez días fuera y dentro de poco emprenderán el regreso a Estocolmo. Mañana piensan ir a Kvikkjokk como una primera etapa en el viaje de retorno a casa.

—¿Sabes? —dice Svante—, vamos a darnos la vuelta aquí. No hace falta verlo todo. No hace falta haber estado en todos los sitios.

Escena 91

Todos los dinosaurios tenían TDAH

Me siento tan tremendamente cansada de nuestra historia...

Pero ahí estamos, otra vez, contándolo todo.

Svante habla. Yo hablo. Conversamos de manera comedida, ya que las niñas están presentes en la sala.

Greta examina un cubo y algunos triángulos diseñados para aprender que hay encima de la mesa de la consulta.

Beata se rebulle y pone los ojos en blanco.

Quiere irse a casa a bailar. Está igual de cansada del Servicio de Psiquiatría Infantil y Juvenil que yo.

Cuando hemos terminado y las niñas han salido, un poco antes que nosotros, el médico suspira y niega con la cabeza.

—Bueno, bueno. Madre mía —dice—. Necesitáis ayuda, eso está claro.

Los tres sonreímos. Todos quieren ayudarnos.

Todos hacen lo que pueden. Y a menudo un poco más.

Al igual que la mayoría de la gente; gente, que quiere hacer cosas buenas desde su particular punto de vista.

Regresamos los cuatro juntos a casa por la Fleminggatan.

Es verano. Los pájaros cantan en los árboles y algunas nubes veraniegas se extienden en el cielo como un archipiélago invertido.

Un avión ha trazado una línea sobre el horizonte.

Como si lo tachara: ¡fuera!, ya no es necesario.

Svante ha prometido acompañar a Greta a una tienda de material de construcción para comprar un trozo de madera donde pueda pintar y convertirlo en una pancarta. «Huelga escolar por el clima» pondrá, ya lo decidió hace mucho. Y a pesar de que Svante y yo nos damos cuenta de los enormes riesgos a los que se expone —y de que lo que más queremos es que abandone esa idea—, la apoyamos, aunque solo con la dosis justa de entusiasmo. Porque a medida que se acerca el comienzo del curso, Greta no parece mostrar ningún indicio de renunciar a su idea. Más bien todo lo contrario. Y además, vemos que se encuentra bien haciendo sus planes, mejor que en muchos años. A decir verdad, mejor que nunca.

En una de las tiendas del centro comercial Västermalm hay un enorme dinosaurio verde de tela. Al pasar deprisa por delante, vemos nuestro reflejo en el escaparate: Beata, Greta, Svante, el dinosaurio y yo.

Si no hubiéramos tenido tantos diagnósticos, síndromes obsesivos y trastornos alimentarios, y si Svante no hubiera tenido tanta necesidad de ir al baño, como siempre le pasa, podríamos habernos parado a hacer una foto.

Habría sido la excusa perfecta para pasar a una perspectiva geológica más amplia.

Pero, en fin, las cosas son como son.

—Me pregunto si los dinosaurios tenían TDAH —dice Svante.

—Sí —contesta Beata—. Tenían síndrome de Asperger, TOC, trastorno negativista desafiante y déficit de atención, igual que yo. Por eso se extinguieron. Tenían demasiados pensamientos y no podían concentrarse, y luego con todos esos putos ruidos molestos se volvieron la hostia de locos.

Escena 92

Un crecimiento ilimitado en un planeta limitado

Los dinosaurios vivieron en este planeta durante doscientos millones de años, un breve período teniendo en cuenta los cuatro mil seiscientos millones de años de historia del mundo.

Los seres humanos solo hemos existido durante doscientos mil años. Y ya hemos conseguido crear peluches con forma de reptiles que se extinguieron hace más de sesenta millones de años; peluches que fabricamos en masa en China para luego transportarlos en barco por todo el planeta y vendérselos a gente que puede permitirse estos juguetes.

No toda la gente se los pueden permitir.

Pero muchos sí, y cada día que pasa somos más y más, y eso requiere recursos.

Aunque los recursos no son más y más.

Respecto a lo que podemos sacar de un viejo planeta Tierra de segunda mano cada año hay límites.

Uno de esos recursos está a punto de terminarse a una velocidad frenética, y el dinosaurio de la tienda de juguetes tiene parte de la culpa.

Todos tenemos parte de la culpa.

Aunque no en la misma medida, claro.

El 10 por ciento más rico del planeta es responsable de la mitad de todas las emisiones de gases de efecto invernadero que ahora están acabando con uno de los recursos naturales más importantes: una atmósfera equilibrada y funcional.

Al ritmo actual de emisiones, ese recurso natural pronto se terminará, y el hecho de que tan pocos lo sepamos es uno de los mayores fracasos en la historia de la humanidad.

Pero ¿cómo podríamos saberlo, cuando la crisis en la que nos hallamos nunca ha sido tratada como tal?

La mitad pobre de la población mundial solo es responsable de un 10 por ciento de las emisiones totales de dióxido de carbono en el mundo, y si hay que señalar algunos modelos, más bien es en esa mitad donde los encontramos. Más que entre famosos como yo. O entre estrellas de Hollywood y expolíticos estadounidenses con más horas de vuelo anuales que un piloto de guerra.

El investigador del clima Kevin Anderson dice que si ese 10 por ciento más rico del mundo disminuyese su nivel de emisiones hasta la media actual en la Unión Europea, entonces las emisiones del mundo se reducirían en un 30 por ciento. Eso, y muchas otras medidas rápidas, podría darnos tiempo.

Escena 93

El escenario grande

Sinceramente, creíamos que volvería a casa antes de la hora de comer. Si es que lograba salir.

Pero no fue así.

La mañana del 20 de agosto de 2018, Greta se levanta una hora antes de lo habitual en un día en que hay colegio.

Desayuna. Prepara una mochila con libros de clase, un táper con la comida, unos cubiertos, una botella de agua, una colchoneta pequeña y un jersey de más.

Lleva cien copias de una octavilla que ha redactado y que incluye datos y referencias a fuentes sobre la crisis climática y la sostenibilidad. El texto tiene 5.303 caracteres, espacios incluidos. Y en la primera cara pone con grandes letras negras:

> Nosotros los niños por lo general no hacemos
> lo que nos decís que hagamos.
> Hacemos lo que hacéis.
> Y como vosotros los adultos
> pasáis olímpicamente de mi futuro,
> yo también paso.
>
> Me llamo Greta y estoy en noveno curso.
> Y estoy en huelga escolar por el clima hasta el día de las elecciones.

Saca su blanca bici del garaje. Casi no la ha usado, pues durante los últimos cuatro años no ha tenido ni ganas ni energía para ir a ningún sitio por su cuenta. Aún menos para coger la bici sin más.

Se monta, echa un rápido vistazo atrás y luego pedalea hacia Kungsholms Strand, pasando por delante del edificio del ayuntamiento, en dirección a Drottninggatan.

En Tegelbacken algunos turistas fuman mientras las chimeneas de los barcos de vapor envían nubes negras como el carbón hacia el cielo azul claro de finales de verano por encima del atasco matutino en el puente Centralbron y la carretera de Söderleden. Svante va en bici unos metros detrás de Greta, con la pancarta bajo el brazo derecho.

El jueves anterior —cuatro días antes— Greta dio una vuelta por las calles en torno al Parlamento para ver cómo era, y decidió dónde se sentaría.

—Junto a la pared donde los pilares es un buen sitio —dijo.

Svante asintió con la cabeza.

Luego le pidió a su padre que le sacara una foto en la barandilla del puente.

Llevaba una camiseta negra, con un avión tachado en el pecho.

Como si fuera una señal de tráfico.

Antes de que se marcharan de allí, se detuvo un momento ante la estatua del zorro mendigo con la manta.

Miró a Drottninggatan. El puente. Contempló el Parlamento al otro lado del agua de Stockholms Ström.

—¿De verdad que no hay nadie que haya hecho esto antes? —preguntó.

—No, creo que no —respondió Svante.

—Pero si es una cosa muy fácil... —repuso Greta.

Y luego se fueron a casa montados en sus bicis para terminar de pintar el cartel blanco de masonita. El cartel que había comprado entre la madera de desguace en la tienda Bygg-Ole en Mölnvik por veinte coronas.

Esa mañana de lunes hace un tiempo bastante bueno. El sol está saliendo al fondo de Gamla Stan y la probabilidad de lluvia es de baja a moderada. Los carriles para las bicis y las aceras están llenos de gente de camino al trabajo.

Como suelen estar los carriles para las bicis y las aceras una mañana normal y corriente de finales de agosto.

Una mañana de inicio del curso escolar normal y corriente.

Delante de Rosenbad,* Greta frena y se baja de la bici.

Svante la ayuda a hacerse una foto con el móvil antes de que aten con cadenas las bicis a la verja y de que cuelguen los cascos en el manillar. Luego Greta se despide de su padre con un movimiento casi imperceptible de la cabeza, echa a andar cargada con la voluminosa pancarta entre los brazos y da la vuelta a la esquina donde el carril para las bicis gira a la izquierda bordeando los edificios de la manzana gubernamental.

—Luego al cole, ¿vale? —le grita Svante, medio en broma, medio en serio.

Greta no reacciona. Se limita a seguir avanzando.

Y ahí, en algún sitio de camino al puente en Drottninggatan, traspasa esa invisible frontera que hace imposible volver y que todo sea como antes.

Cruza el puente, pasa debajo del arco, continúa unos pocos metros en Riksgatan, antes de parar y apoyar el cartel en la pared de granito gris rojizo.

Saca las octavillas y las pone delante de ella.

Se acomoda.

Pide a un paseante que le haga otra foto con el móvil y luego sube las dos fotos a las páginas de sus redes sociales. Acto seguido mete el teléfono en la pequeña mochila de la marca Björn Borg que su abuela le regaló por Navidad hace cuatro años.

* Sede del Gobierno sueco.

Svante se queda al lado de las bicis hasta que Greta desaparece de la vista. Un salmón grande salta en el agua y por un instante flota ingrávido en el aire antes de zambullirse de nuevo con un chapoteo.

A unos cientos de metros encima del islote de Helgeandsholmen un ave rapaz planea en círculos, una vuelta tras otra.

Quizá un águila.

¿O un gavilán pescador?

Svante se aleja de la barandilla y sube a Fredsgatan, hasta el Espresso House al lado del Ministerio de Educación. Pide un café latte grande con leche de avena y se sienta junto a la ventana a intentar trabajar.

Aunque resulta difícil.

Tras unos minutos aparece el primer tuit. Es de Staffan Lindberg, que retuitea la intervención de Greta.

Después llegan otros dos retuits.

Y unos cuantos más.

Pär Holmgren. Stefan Sundström.

Luego todo va muy rápido. Greta tiene tan solo unos veinte seguidores en Instagram y no muchos más en Twitter.

Pero ahora todo cambia.

Ya no hay vuelta atrás.

Aparece un equipo de cine documental.

Es el cineasta Peter Modestij, quien la semana pasada se enteró por casualidad de los planes de Greta cuando me llamó para que siguiéramos hablando de un guion de cine que está escribiendo. Toda la familia leyó su guion el invierno pasado y a Peter le interesaba mucho nuestra opinión porque al leer varios artículos en la prensa se había dado cuenta de que Greta se parecía mucho a la protagonista de su futuro largometraje.

Ahora ha conseguido convencer a una productora para financiar, a la buena ventura, el rodaje de dos días de la huelga escolar de Greta.

Un amigo de Peter, Nathan Grossman, el que hizo el documental sobre los cerdos en la SVT con Henrik Schyffert, también está. Saluda a Greta y pregunta si le parece bien que rueden.

Ella no tiene nada en contra y le ponen un micrófono.

La cámara empieza a grabar. A partir de ahora todo lo que se diga y todo lo que se haga estará documentado en sonido e imágenes.

Pero Greta no parece tener el menor interés en su presencia. Solo piensa en quedarse allí sentada y ver qué ocurre.

De modo que ahí se queda.

Sola, apoyada contra la pared.

Nadie se detiene.

Algún transeúnte le dirige una incómoda mirada, pero la mayoría mira para otro lado.

Tienen cosas más importantes en las que pensar.

Y todo, en general, da un pelín de vergüenza.

Dos señoras se paran y le explican que existe algo que se llama «escolaridad obligatoria», y que Greta debería centrarse en el colegio. Expresan su preocupación por su futuro y sus estudios.

Un hombre de mediana edad que se llama Ingmar Rentzhog* pasa por allí y se presenta. Graba a Greta y le pide permiso para subir el vídeo a Facebook.

Ella dice que sí con la cabeza.

Al mismo tiempo, el tuit y los posts de Instagram de Greta han empezado a ser virales.

Svante la llama para contarle que desde el periódico *Dagens ETC* se han puesto en contacto con él y que están de camino. Poco después llegan los de *Aftonbladet* también, y Greta se queda muy sorprendida de que todo haya sucedido tan rápido. Sorprendida y contenta.

No se lo esperaba.

* Fundador de la organización We Don't Have Time.

El fotógrafo Anders Hellberg, de la revista medioambiental *Effekt*, se presenta y empieza a hacer fotos. Da vueltas buscando diferentes ángulos. Pero pasa la mayor parte del tiempo simplemente parado ahí en medio de la calle donde la gente desfila de un lado a otro.

Se queda allí con la cámara en la mano y se limita a sonreír. Una hora tras otra.

—Esto... —dice cuando otras tantas personas más se han detenido y han empezado a comentar la situación. Señala con la cara y la cámara la escena que Greta y todos los transeúntes están representando delante de él—. ¡Esto! —repite una y otra vez. Y se le escapa una risa muy alegre.

Acude bastante gente como él. Gente que lleva décadas trabajando duro, luchando, para hacer visible la crisis climática.

Llegan Ivan y Fanny de Greenpeace y le preguntan a Greta si todo va bien.

—¿Podemos ayudarte en algo? ¿Tienes permiso de la policía? —quiere saber Ivan.

No, no lo tiene. Ella está de «huelga escolar» y no se le había ocurrido que haría falta un permiso para ello.

Al parecer sí hace falta.

—Yo te puedo ayudar —dice Ivan, y explica algunas cosas acerca de los derechos y las posibilidades de la democracia.

Pero Greenpeace no es la única en ofrecer su apoyo.

Todo el mundo acude a ayudar.

Todo el mundo quiere hacer lo posible para echar una mano.

No, Greta no necesita ayuda.

Se las apaña muy bien sola. Atendiendo una entrevista tras otra.

El mero hecho de que hable con desconocidos sin pasarlo mal es un más que increíble éxito para nosotros como padres.

Lo demás constituye un extra.

Svante recibe en su teléfono el enlace con la primera entrevista, y se pone a leerla en la edición del día de *Dagens ETC*.

La relee.

Y no entiende cómo es posible, pero se trata de la mejor entrevista sobre el clima que ha leído en su vida.

Las respuestas son clarísimas y penetran directamente a través del ruido de fondo mediático.

Como si su hija no hubiese hecho otra cosa en la vida que dejarse entrevistar para periódicos.

Sin embargo, Greta ese día no come.

No le ha dado tiempo. Y resultaba difícil con todo el mundo mirándola.

Es un problema grande, pero ese día comió al llegar a casa por la tarde.

Cuando está a punto de montarse en la bici, finalmente, para volver a casa, se presenta un periodista de los informativos de la radio nacional P3, y cuenta que los posts de Greta han sido muy compartidos a lo largo del día en las redes sociales.

—Qué bien —dice Greta.

—Muy, pero que muy compartidos —aclara el periodista—. ¿Te importa si te hacemos unas preguntas?

Son más de las tres, y la jornada escolar ha terminado hace ya rato.

—Lo siento —dice Svante—, pero creo que está bastante cansada.

—No pasa nada —lo interrumpe Greta.

Y luego concede otra entrevista antes de marcharse de allí.

Está contenta. Se nota en todo su cuerpo. Cuando sale pedaleando hacia casa es como si bailara sobre el sillín de la bici.

Escena 94

Un movimiento

Se dice que en el momento en que a una persona que está haciendo algo por su cuenta se le une otra surge un movimiento.

Si es así, el movimiento global de huelgas escolares se fundó sobre las nueve de la mañana el segundo día de la huelga de Greta.

Al menos es entonces cuando Mayson, de octavo curso del colegio Adolf Fredrik, le pregunta a Greta si puede sentarse con ella. Greta asiente con la cabeza.

Y desde ese momento nunca más está sola allí.

Otras dos chicas se acercan y se sientan en los fríos adoquines.

Un estudiante de la Universidad de Estocolmo.

Un hombre de unos treinta años, que ha dejado su trabajo como profesor de francés en Gotemburgo y ha viajado a Estocolmo para unirse.

—Seguro que van a despedirme —dice—. Pero no me importa, porque algo tiene que pasar. Alguien tiene que hacer algo.

Luego se presentan periodistas de *Dagens Nyheter* y de la TV4. La profesora de Greta acude y es entrevistada en los informativos de la tele.

«Como profesora no puedo apoyar esta iniciativa —dice—. Pero como persona, entiendo por qué lo hace.»

La entrevista se edita de un modo que no favorece en absoluto su postura neutral, por lo que durante las próximas semanas se ve tan acosada y marginada en su lugar de trabajo que no le queda más remedio que pedir la baja por enfermedad.

Los primeros haters empiezan a cobrar fuerza y se burlan descaradamente de Greta en las redes sociales. Se mofan de ella desde cuentas anónimas de trols y gente de la extrema derecha. La ridiculizan diputados de partidos políticos que han sido votados por más de uno de sus familiares más cercanos. Diputados de partidos a quienes una abrumadora mayoría de sus vecinos votan.

Eso se nota en los ojos de muchas de las personas con las que nos cruzamos en la calle, en el supermercado.

Los estudiados comentarios sarcásticos y denigrantes de los políticos son como pequeñas semillas que se plantan con cuidado en la fértil tierra de las redes sociales y que crecen muy rápido hasta convertirse en sólidos troncos del odio y del desprecio más profundos. Pero eso no sorprende mucho.

En cambio, con lo que Greta no había contado era con que el odio y las burlas procedieran incluso de personas cercanas a la propia familia. Incluso de miembros de la familia.

—Claro, para el que no entiende el alcance de la crisis climática, todo lo que hago le parecerá totalmente incomprensible, y yo sé que casi nadie tiene ni idea de la crisis —dice Greta otra vez.

Dice muchas cosas una y otra vez.

Como un mantra.

—La huelga escolar es independiente de cualquier partido político y todo el mundo es bienvenido —repite por enésima vez a un paseante que pregunta si aquello es algo político.

Svante le hace una visita para comprobar que todo va bien.

Se pasa por allí un par de veces al día.

Greta está de pie junto a la pared rodeada por una decena de personas. Parece estresada. El periodista del *Dagens Nyheter* pregunta si pueden grabar una entrevista y con el rabillo del ojo Svante ve que algo va mal.

—Ahora te digo, espera un momento —dice Svante y se lleva a Greta tras uno de los pilares de los arcos.

A Greta se le nota la tensión en todo el cuerpo. Respira hondo y dice que está bien, que no pasa nada.

—Venga, vámonos a casa —dice Svante—. ¿Vale?

Greta niega con la cabeza. Está llorando.

—No tienes que hacer nada de todo esto. Ya has hecho más que ninguna otra persona. Lo dejamos y nos vamos a casa.

Pero Greta no quiere irse. Se queda allí de pie, durante unos segundos. Respira. Luego se pone a andar en pequeños círculos como eliminando todo el pánico y miedo que ha llevado dentro desde siempre.

Después se detiene y mira fijamente al vacío.

La respiración sigue siendo fuerte y las lágrimas se deslizan por sus mejillas.

—No —dice emitiendo un gemido. Como un sonido animal.

Está indecisa; la balanza puede inclinarse hacia cualquier lado.

Se tambalea.

—No —dice una vez más.

—¿Quieres quedarte? —pregunta Svante con prudencia—. ¿Estás segura?

Greta se seca las lágrimas y su cara se tuerce en una mueca.

—Voy a hacerlo —dice.

Y se da la vuelta. El cuerpo está distendido y sonríe relajada a los periodistas que esperan al otro lado de la calle peatonal.

Greta vuelve a la huelga y Svante sigue con la vista cada uno de sus movimientos. Se pasa más de media hora observando a su hija detrás de una columna. Piensa que en cualquier momento ella echará a correr para escapar de aquello. En cualquier momento el estrés y el terror podrán con ella.

Pero eso no sucede.

Greta se limita a estar allí tranquilamente hablando con los periodistas. Uno tras otro.

Svante piensa que debe de sentirse fatal y que tendría que darse la vuelta y marcharse; pero Greta no se da la vuelta.

Se queda en medio de la muchedumbre.

De vez en cuando recorre con la mirada la fachada del Parlamento. Parece más tranquila ahora que durante el primer día y el que observe con mucha, mucha atención verá que está sonriendo, una sonrisa apenas perceptible. Como si ella supiera algo que los demás desconocemos.

Luego, cuando los periodistas se han ido, se acomoda en su pequeña colchoneta azul y lee sus libros, para no quedarse atrás con los deberes.

Lee *Mamá se casa*, de Moa Martinson, para la clase de lengua y literatura. Lee en el libro de sociales cómo se realizan las elecciones parlamentarias y cómo funcionan el Gobierno, el Parlamento, las comisiones y los ministerios.

En el libro de biología lee sobre genes y predisposición hereditaria.

Solo usa el teléfono cuando sube la foto del día de la huelga a Twitter e Instagram, ya que es horario de colegio, y durante la jornada escolar no se toca el móvil.

A las tres, recoge sus cosas y regresa a casa en bici.

Escena 95

El tercer día

Estamos pendientes del estado de ánimo de Greta tanto como nos resulta posible. Pero por muchas vueltas que demos al tema, no logramos identificar ninguna señal de que no se encuentre bien. Parece incluso que se encuentra mejor que bien. Pone el despertador a las 6.15 y se levanta. Monta en bici contenta cuando se va al Parlamento y al regresar a casa sigue contenta.

Durante las tardes se pone al día con los deberes y mira las redes sociales.

Se acuesta a su hora, se duerme enseguida y descansa tranquila toda la noche.

La comida, en cambio, va regular. Al menos durante las horas de la huelga.

—Hay demasiada gente y no me da tiempo. Todo el mundo quiere hablar conmigo a todas horas.

Se lleva siempre pasta de soja cocida, pero es difícil que se la coma.

A cambio nos aseguramos de que meriende el doble cuando llega a casa por la tarde.

—Tienes que comer —dice Svante—. Esto no funcionará si no comes.

Greta no dice nada.

La comida es un asunto delicado. El más difícil de todos. Así ha sido durante años y no hay ninguna verdadera solución en el horizonte.

Sin embargo, durante el tercer día ocurre algo.

Ivan, de Greenpeace, se pasa otra vez por allí para verla. Lleva una pequeña bolsa blanca de plástico en la mano.

—¿Te apetece comer algo, Greta? Son noodles. Comida thai —dice—. Vegana cien por cien. ¿Quieres?

Le tiende la bolsa a Greta, que se inclina hacia delante y se estira para coger el envase de la comida.

Quita la tapa y olfatea unas cuantas veces.

Escanea los noodles con la nariz.

Después toma unos pocos. Y luego otros pocos más. A nadie le llama la atención, claro. ¿Por qué iba a hacerlo? ¿Por qué iba a llamar la atención que una niña esté sentada en el suelo, entre un montón de gente, comiéndose un pad thai vegano?

Greta sigue comiendo. No se trata ya de unos cuantos bocados, sino de casi toda la ración, y la escena que se desarrolla allí sobre esos adoquines delante del cartel de la huelga escolar lo cambia todo. El manual se tira a la basura y habrá que reconfigurar el mapa.

Instantes más tarde llega un hombre cargadísimo con bolsas de comida de una de las grandes cadenas de hamburguesas. Va repartiendo hamburguesas, patatas fritas, helados y refrescos a todo el que quiera.

—Son hamburguesas veganas y vegetarianas —dice todo orgulloso y coloca seis o siete bolsas de papel con el logo de la cadena en medio de los niños.

—No creo que sea una buena idea —dice Greta e intenta explicárselo a los demás. Pero habla demasiado bajo y los niños tienen demasiada hambre, así que el mensaje no llega.

Se lo comen todo.

Cuando Svante pasa por allí para comprobar que la jornada transcurre bien, ya han terminado, y el hombre está hablando alegremente con los que se han congregado en el lugar. Svante se presenta, lleva el hombre un poco aparte y le explica:

—Greta ha dicho expresamente que no quiere ningún tipo de patrocinador, así que creo que es mejor que retires las bolsas y que no invites a los niños a comer durante su huelga.

—Pero, entonces, ¿qué comerán? —pregunta el hombre.

—Eso ya se verá —dice Svante—. Hay un montón de cámaras aquí y Greta no quiere que nadie venga a colocar sus productos porque eso no está bien. Lo ha dejado muy claro.

Svante explica las líneas directrices que Greta ha decidido. Ningún patrocinio, ninguna publicidad y ningún logo de ningún partido político.

El hombre se siente un tanto molesto y se pone a hablar de lo mucho que su empresa ha apostado por alternativas vegetarianas y que sus hamburguesas son climáticamente neutras, ya que han invertido mucho en la plantación de árboles en África oriental. Cuenta que lleva más de veinte años trabajando en cuestiones de sostenibilidad.

—Ya, pero el caso es que estás aquí en tu horario de trabajo representando a una empresa cuya principal fuente de ingresos es y siempre ha sido matar vacas para vender su carne muerta en una cadena de hamburguesas que está creciendo muy rápido. Y eso no tiene nada que ver con los niños que hacen huelga en favor del clima.

—Vale —dice—. Pero la gente tiene que comer y todos somos parte del mismo sistema. —Señala el calzado de Svante—. Tú llevas zapatillas. Eso tampoco es sostenible —añade.

—Ya, pero no puedes comparar el hecho de que yo lleve zapatillas con el patrocinio por parte de una cadena de comida rápida en expansión que gana cientos de millones con la venta de comida rápida.

El hombre recoge sus bolsas y tazas y se marcha.

Tras la escena con las hamburguesas, Greta prohíbe a Svante que se acerque a la huelga. Quiere estar sola y no desea que nadie hable por ella.

Greta busca el capítulo sobre la Constitución sueca en el libro de sociales y se acomoda al lado de la blanca pancarta de la huelga.

Unos soldados del servicio militar que forman parte del cuerpo de guardia del Palacio Real se acercan a paso tranquilo. Chicos y chicas jóvenes vestidos en uniformes de camuflaje, todos con una pequeña banderita sueca cosida en lo más alto de las mangas de las chaquetas. Ven a Greta, pero miran de manera ostensible para otro lado. Como para dejar muy claro que en su mundo sigue sin haber la menor duda de quién defiende a quién.

Por la tarde, el hombre de las hamburguesas le pregunta a Greta en Instagram si realmente es verdad que no quiere que él invite a comer a los niños que hacen huelga con ella.

—Puedes invitarnos a comer con mucho gusto —contesta ella—. Pero en tal caso que no sea comida que provenga de una empresa para la que trabajas.

Él responde que por desgracia entonces le resultará difícil tener tiempo para eso.

Escena 96

Cada vez más fuerte

Lo juro. Todos los padres cuyos niños llevan años sin hablar con la gente y no han podido comer más que unas determinadas cosas en unos pocos sitios decididos con antelación se alegran mucho cuando esas complicaciones de repente se esfuman. Juro que como madre ves ese cambio como algo muy positivo. Casi como una fábula. Como algo mágico.

Con independencia de lo que algunos hombres y mujeres conservadores escriben en las redes sociales o en sus crónicas.

Algunos dicen que «alguien está detrás de todo». Una agencia de publicidad.

Pero no es así, claro.

El verano de Greta no ha transcurrido entre encuentros secretos, detrás de tupidas cortinas en oscuras agencias de publicidad, donde la han entrenado para falsear su pasado, sus valores y opiniones. Todo bajo la influencia de «globalistas, astutos economistas de izquierdas y George Soros».

Todo con la intención de reforzar la influencia estatal y aumentar la presión fiscal común; todo con el fin de crear el súper Estado global y ecofascista.

Cada nueva teoría conspirativa es peor que la anterior.

Greta no ha sacrificado cuatro o cinco años infernales en simular diferentes dificultades que constituían una amenaza para su vida con el fin de lanzar el complot más astuto del mundo.

Pero también hay infinidad de gente que la apoya. Todas las personas que llevan decenios luchando para llamar la atención sobre la cuestión climática se unen a la lucha. Como, por otra parte, han hecho siempre.

Los canales están ahí desde el primer día. Y por alguna misteriosa razón parecen funcionar mejor para ella que para la gran mayoría de las personas que lo intentaron antes.

Todo el mundo apoya a Greta.

Al igual que Greta apoya a todo el mundo.

Todos apoyan a todos.

«El motivo por el que esto está creciendo tanto supongo que será porque se trata de la cuestión más importante a la que la humanidad se ha enfrentado nunca y que ha sido ignorada por completo durante más de treinta años», dice Greta.

Pero entre los escépticos nadie la escucha. El asunto de la sostenibilidad les trae sin cuidado.

Escena 97

En primer plano

No es que la energía de Greta aumente un poco cada día.

Es que ha estallado.

Parece no tener límite, y aunque intentamos frenarla un poco, Greta no hace más que seguir adelante. Ella sola.

Después de una jornada entera delante del Parlamento concediendo entrevistas sin parar, insiste en participar en una mesa redonda en Kulturhuset. Pasa por casa para comer y luego vuelve en bici a la plaza de Sergel, entra en Kulturhuset y sube a toda prisa las escaleras mecánicas. La sala está abarrotada. Le dan un micrófono y accede al escenario. La reciben como si fuera una estrella de rock, y se coloca al lado del meteorólogo Pär Holmgren, del catedrático Staffan Laestadius y de los portavoces de los dos principales partidos políticos del país.

Greta tiene la palabra y explica sin ambages cómo están las cosas.

Estamos viviendo una crisis muy grave y no se está haciendo nada para afrontarla.

Staffan Laestadius dice lo mismo.

En ese escenario las palabras que se pronuncian son durísimas.

Palabras sin restricciones.

El ambiente se torna fatídico y esperanzador a partes iguales.

Se cuenta una nueva historia, aunque tanto las palabras como el fondo son los mismos que antes.

—Así de grave es —añade Pär Holmgren—. Llevo diez años advirtiéndolo y para ser sincero ya no sé si podremos resolver esta crisis. Pero, como siempre suelo decir, nunca es tarde para hacer cuanto podamos.

Uno de los dos políticos, el hombre, reacciona instintivamente indignado. Se siente provocado y muy enfadado por lo que se ha dicho hasta ese momento.

—Tenemos que infundir esperanza en la gente —dice y se desmarca por completo de lo que acaba de escuchar.

El otro político, una mujer, en cambio, reacciona de un modo muy diferente. Se echa a llorar. Se tapa la cara con las manos y solloza indefensa. No encuentra nada que añadir.

Todo resulta tremendamente inesperado.

La mujer saca un clínex y por unos instantes se queda inmóvil, sin saber qué hacer. Entre el público, Svante piensa que por fin se ha producido una reacción auténtica y humana.

Se han roto las pautas habituales, y eso de alguna manera resulta esperanzador.

A Svante le gustaría que la mujer permaneciera así.

Quiere ver qué ocurriría si ella cediera y quizá se atreviera a mirar al abismo sin desviar la mirada.

Quiere ver lo que ocurriría si ella se concediera ese tiempo.

Si todos nos atreviéramos a reconocer nuestros respectivos fracasos.

Y dejáramos que todo se parara.

Pero un momento después se recobra. Consigue deshacerse del clínex y empieza a hablar de nuestros comunes desafíos, de posibilidades, de oportunidades de empleo y del crecimiento verde.

Un eterno crecimiento verde.

Mientras bajan las escaleras mecánicas, Greta se vuelve hacia Pär Holmgren y le dice:

—Madre mía, la cosa está peor de lo que me imaginaba. Realmente no tienen ni idea. Los políticos no saben nada.

—No —dice Pär y tras reflexionar unos segundos, añade—: Creo que están muy acostumbrados a relacionarse con representantes de la industria y con grupos de presión. Esos que siempre tienen respuestas para todo. Esos que siempre dicen que todo tiene solución.

—Es como si los políticos siempre tuvieran que ser capaces de contestar a todas las preguntas y nunca pudieran decir que no saben. Aunque no tengan ni idea.

—Pues así es, quizá —responde Pär riéndose de esa manera sosegada tan suya.

—Pero eso es una locura —dice Greta.

Y así es también.

Svante y Greta caminan llevando sus bicis, pasan delante de los grandes almacenes Åhléns y siguen hacia el viaducto de Klarastrand.

—Todo el mundo parece obsesionado con la esperanza. Como unos niños mimados. Pero ¿qué hacemos si no hay esperanza? —pregunta Greta—. ¿Mentimos entonces? Una esperanza sin acción tarde o temprano se acaba, y entonces ¿qué haremos? ¿Qué haremos cuando esa esperanza de la que todo el mundo habla haya desaparecido? ¿Cuando hayan pasado otros tantos años y sigamos sin haber empezado el gigantesco cambio que es necesario y esa esperanza, sin la que al parecer no podemos vivir, de repente ya no esté? ¿Nos rendiremos entonces, así sin más? ¿Esperando tranquilamente que nos llegue la muerte?

Pasan unos coches. Un autobús vacío de la SL avanza ruidosamente hacia Bolindersplan y Kungsholmsgatan.

—¿Y de quién es la esperanza que deberíamos llamar «esperanza»? —continúa—. Lo que llaman «esperanza» no puede estar más lejos para mí de algo esperanzador. Para mí, habría esperanza si los políticos convocaran reuniones extraordinarias de crisis y si las portadas de los periódicos en todo el mundo se llenaran de grandes titulares sobre la crisis climática.

Bajan andando con las bicis por Kungsholms Strand y luego se montan en ellas y regresan a casa. Nada más llegar Greta se sienta en el sofá con Moses y Roxy para mirar videoclips de animales en el móvil.

Unos perros bailan en YouTube un monótono ritmo house. Greta se ríe tanto que se le saltan las lágrimas.

Escena 98

Jay Z

—Bailar es como respirar —dice Beata. Y baila todo el tiempo. A veces durante más de diez horas diarias.

Cuando no baila, canta. O hace teatro.

Cuando puede hacer aquello que se le da bien, su voluntad y su motivación son enormes.

En el colegio tienen un proyecto en grupos en que han de grabar una película con el móvil, y Beata nos deja ver la parte en la que ella rapea hablando a la cámara. Es un anuncio de publicidad imaginario de un partido político imaginario, pero el resultado es asombroso. Su talento natural para la actuación es como un soplo de aire fresco.

Todo encaja.

En el colegio las cosas no van tan bien. Hay nuevos profesores cada cuatrimestre. Nuevos suplentes todos los meses. Nuevas aulas.

Y todas las semanas hay un nuevo horario que puede descargarse en la página web del Ayuntamiento de Estocolmo. Es un procedimiento que a alguien acostumbrado a los ordenadores le lleva entre cinco y diez minutos. A mí me supera.

A Beata también.

Es como si el colegio estableciera conscientemente una carrera de obstáculos para perjudicar a todo aquel al que le guste fijar rutinas.

A todo aquel que no adore el cambio constante.

No hay ningún tipo de límite para los nuevos estímulos que los niños deben asimilar.

Todo y todos deben estar en continuo movimiento.

Todas las semanas se programan actividades nuevas para las que en cada uno de los casos deben realizarse pequeñas expediciones por la ciudad.

Excursiones.

Visitas.

Variaciones.

Constantemente se proyectan posibles viajes e intercambios y es cierto que resulta fantástico que los niños tengan la oportunidad de conocer nuevos lugares y quizá a niños de otros países.

Como si esas oportunidades no fueran posibles dentro de cualquier región europea cercana.

Pero debe ser el tipo de encuentro apropiado, claro. El tipo de lugar apropiado. El tipo de padres apropiado. Y el tipo de niños apropiado.

Lo peor, sin embargo, no es que eso ocurra.

Lo peor tampoco es que los colegios no estén al corriente de la problemática de que tantos alumnos resulten perjudicados por la preponderancia de la competencia social en la creación de esa norma de flexibilidad y exteriorización que marca la imagen del alumno con éxito.

Lo peor es que muchos alumnos saben que eso ocurre de forma muy consciente.

Sobre todo, los alumnos más afectados.

Ellos lo saben.

Ellos entienden la traición.

Ellos entienden cómo sus respectivos fracasos son orquestados en favor de los triunfos diarios de los ganadores extravertidos.

Beata acompaña a Greta un día delante del Parlamento.

Pero es una cosa de Greta.

No de Beata.

Además, toda esa atención repentina en torno a su hermana mayor no es fácil de sobrellevar.

Beata ve que Greta, de repente, tiene diez mil seguidores en Instagram, lo que a todos nos parece una auténtica locura.

Pero Beata lo lleva bien.

Muy bien.

Incluso cuando las cuentas de Beata en las redes sociales se llenan solo de comentarios acerca de Greta y de ruegos sobre si puedes decirle esto y lo otro a tu hermana. Todo el mundo de repente solo se preocupa por Greta, Greta, Greta.

—Es una locura —comenta Beata una tarde después del colegio—. Somos como Beyoncé y Jay Z —constata con énfasis mordaz—. Greta es Beyoncé. Y yo soy Jay Z.

Escena 99

Crímenes de lesa humanidad

La humanidad se encamina hacia el descalabro. Cada semana surgen nuevas cifras e informes que confirman al unísono que estamos moviéndonos en la dirección equivocada.

Además, a la máxima velocidad imaginable.

Y cada semana, el mensaje de los investigadores resulta más incuestionable.

Todo se vuelve cada vez más blanco y negro.

Nos preguntamos quién es el mayor culpable.

¿Las empresas petroleras y energéticas? ¿Las empresas textiles, las de comida rápida? ¿Las compañías forestales o la cría industrial de animales? Empresas, todas y cada una de ellas dentro del marco de la ley, que se esfuerzan al máximo en vender cuanto pueden, con el objetivo de maximizar el rendimiento y el beneficio para sus accionistas.

¿Los políticos, que hacen cuanto está en su mano para salir reelegidos?

¿Los periódicos, que tienen que generar beneficios para sobrevivir? ¿Que tienen que escribir sobre aquello que la gente quiere leer?

¿Nosotros, los ciudadanos de a pie? ¿Que consumimos un poco más cada día que pasa para que nuestras vidas cada vez más absurdas funcionen?

¿Yo, que he tenido la oportunidad de documentarme sobre la situación, pero que he elegido confiar en los políticos, en la industria y en la información de los medios de comunicación?

¿Los investigadores, que la mayoría de las veces carecen de la habilidad necesaria para comunicar el resultado de sus estudios? ¿Y cuyos posibles conocimientos en las ciencias del comportamiento se han diseñado para informar sobre una crisis que nos afectará al cabo de veinte o treinta años, pero que de repente está teniendo lugar aquí y ahora? Mucho antes de lo que nadie había previsto. Mucho antes de lo que gran parte de sus anteriores estudios concluyeron.

¿La radio y la televisión públicas, que son independientes económicamente, y cuyo cometido es analizar cada segmento de la sociedad y las consecuencias para las futuras generaciones, pero cuyos empleados se ahogan en el odio que les dirigen los enemigos ideológicos de los medios públicos? ¿Y que se han visto, además, forzados a entrar en el juego de los clics y las cifras de audiencia?

Escena 100

Hacerse oír acarrea odio

A pesar de que Greta repite una y otra vez que la crisis climática solo se puede resolver por medio de la democracia, la acusan sin parar de abogar por «la dictadura del clima».

A pesar de que Greta repite una y otra vez que no hay soluciones dentro del actual sistema político y económico, la acusan de no tener respuestas.

Es una estrategia premeditada, claro.

Porque no se trata de escuchar y de intentar encontrar posibles soluciones. Jamás se ha tratado de eso.

Pues ¿quién quiere buscar soluciones a una crisis que a su juicio no existe? Que no puede existir. Porque si resultara que existe, entonces habría que cambiarlo todo.

Si resultara que la crisis climática realmente es esa crisis existencial, como afirman al unísono los investigadores, entonces el orden mundial actual sería responsable de un fracaso de unas proporciones cósmicas. Y constituiría la amenaza más grande que jamás ha afrontado la humanidad.

No, esa idea resulta impensable para quienes no quieren ver ningún cambio en el sistema.

Mejor hablar de la ley y el orden.

O la seguridad.

La delincuencia, los refugiados, el empleo y el dinero.

Siempre el dinero.

Porque, claro, nada puede ir mal cuando todo se vuelve mejor, más grande, más fuerte, y más rápido, ¿no?

No tremendamente mal, en todo caso.

Bueno, salvo con los niños, por supuesto.

Porque según la lógica de los críticos, a los quince años uno no puede pensar por su cuenta, a pesar de contar con una capacidad informática ilimitada y estar conectado a todas las fuentes digitales del conocimiento.

El caso es que al parecer los niños no se incluyen en el desarrollo general en la sociedad del crecimiento. Según los críticos de la huelga escolar, con respecto a los niños, el desarrollo va en la dirección contraria.

Aunque fuesen padres, trabajadores, soldados e individuos independientes, los quinceañeros de hoy no cuentan.

Y no hay ninguna excepción; a no ser que piensen como determinados adultos quieren que piensen, por supuesto. Total, que los críos tienen que estar en el colegio, aprender a portarse bien, mantenerse calladitos, y punto.

Si se empeñan en salvar el mundo, lo primero y más importante es que antes terminen el bachillerato para que todo se haga como Dios manda. Luego pueden seguir formándose para convertirse en ingenieros e investigadores y así al cabo de unos diez o quince años sean capaces de enfrentarse a la vida laboral y marcar una diferencia de verdad.

El pequeño detalle de que entonces ya será demasiado tarde no es algo que los críticos tengan en cuenta.

Porque, según ellos, el tipo de crisis climática que exige acción y cambio no existe. Y en esto, sin duda, reside la verdadera genialidad de la naturaleza de la huelga escolar.

Es justamente tan obvia, sencilla y provocadora como la situación requiere.

El tictac del reloj sigue sonando. El tiempo se nos escapa de las manos, y ¿qué mejor manera de dejarlo claro y hacerlo visible que en la educación de nuestros hijos?

¿Para qué van a estudiar?

¿Y por qué?

El tiempo que nos queda para reaccionar y cambiar la sociedad en el fondo es, de repente, más corto que la duración media de la educación escolar desde primaria a bachillerato.

Y como no se divisa ningún cambio sustancial en el horizonte...

¿Qué van a hacer los niños entonces?

¿Cuando les privamos de los elementos más básicos para su futuro?

Ni siquiera pueden votar.

Aún menos influir en la industria, en la investigación, en los medios de comunicación o en la toma de decisiones políticas.

Los más afectados son los que menos posibilidades tienen de influir.

Nuestra comodidad se contrapone, de repente, al futuro de nuestros hijos.

Todo aquello que tenemos la necesidad imperiosa de hacer.

Nuestras actividades de ocio contra sus condiciones de supervivencia.

Nuestro crecimiento contra su mundo.

Nuestras aficiones contra sus derechos humanos fundamentales.

Que ya llevemos largo tiempo haciendo lo mismo contra las personas que habitan las partes más pobres del planeta es profundamente trágico.

Pero ese argumento a todas luces no surte ningún efecto.

Porque pasamos.

Pasamos olímpicamente de ellas.

En cambio, no nos resulta igual de fácil ignorar a nuestros propios hijos y nietos.

La huelga escolar parece funcionar.

El conflicto entre nuestra opulencia y el legado que dejaremos a las generaciones futuras crea tanta fricción y resistencia como se necesita para generar sin parar nuevos debates, así como para suscitar fuertes reacciones.

Nuevas perspectivas.
Sin pretenderlo, por supuesto.
Porque esas cosas no pueden planificarse.
Son cosas que pasan, sin más.
Un intento entre un millón.
O quizá uno entre mil millones.

Los niños que están en huelga dicen que la solución a la crisis es tratar la crisis como tal. Esa idea no es nada nueva.

Pero, como ya se ha comentado, no se trata de eso. Nunca se ha tratado de presentar ideas alternativas, cambios sistémicos o soluciones nuevas.

Solo se trata del deseo de la gran mayoría de continuar como siempre.

Del miedo que sentimos los humanos ante el cambio.

Y el hecho de que ese miedo coincida por casualidad con la conservación del actual equilibrio del poder, en favor de los más privilegiados, resulta muy oportuno para todo aquel que pertenezca a ese pequeño y exclusivo grupo de personas.

Y que, además, hayan logrado movilizar a tantísimos hombres cabreados, amargados, blancos, mal pagados y explotados para que luchen en su bando ha sido y seguirá siendo un fenómeno fascinante.

¿Está en tablas la humanidad, una situación que quizá no sea tan misteriosa como creemos?

Porque si el actual orden mundial te ha convertido en un ganador, estarás más que dispuesto a llegar hasta donde sea para defenderlo. ¿Y qué mejor que convencer a los que han salido perdedores de ese orden mundial dominante para luchar por lo mismo?

Perder, al fin y al cabo, siempre es relativo y todos somos en mayor o menor medida, según se mire, unos perdedores.

La base de reclutamiento es casi infinita y el secreto tan sencillo que resulta ridículo. Solo se trata de persuadir al mayor número posible de personas de que defiendan su pequeña parte del universo.

Su trabajo. Su vivienda. Su viaje de vacaciones. Su afición a los coches. Su dinero.

Se trata de asustar al mayor número de personas posible con la amenaza de un cambio y de un empeoramiento. Y llegar hasta tal punto que las personas estén, en principio, dispuestas a hacer lo que sea para defender su propia y microscópica parte del mundo; defender todas las cadenas de alimentación actuales contra todo y todos aquellos que se les presentan como una amenaza para la estabilidad.

Inmigrantes, refugiados, liberales, socialistas, feministas y activistas.

El método es tan sencillo como eficaz.

Brillante y estúpido a partes iguales.

Greta provoca. En ciertos casos hasta el punto de que muchas personas, en circunstancias normales muy respetuosas y respetadas, pierden la cabeza. No solo dice Greta que hay que cambiarlo todo, también reconoce que padece autismo. Y encima, tiene la desfachatez de alardear de ello.

Eso no encaja con cómo deben hacerse las cosas.

Eso es del todo incompatible con el desprecio —en mayor o menor medida inconsciente— por la debilidad, propia de ciertas ideologías.

Es incompatible con la norma no escrita de la sociedad competitiva según la cual siempre gana el más fuerte.

Porque siempre debe escucharse al más fuerte.

El más fuerte ha de ser quien fije el orden del día.

Esas son las leyes del mercado.

Pero en los adoquines de delante del Parlamento rigen otras reglas.

La chica invisible que nunca dice nada, de repente, es la que más se hace oír y ver, lo que como es natural resulta un incordio demasiado grande para que la gente sea capaz de dejarlo pasar así sin más.

El odio va creciendo y afianzándose por minutos.

Historias, mentiras y ataques personales.

Y el arma principal es, por supuesto, «la omisión consciente de datos».

La historia de Greta, así como su pasado, está ampliamente difundida en internet, y mediante una simple búsqueda en Google pueden leerse todos los datos relevantes sobre ella y comúnmente aceptados como verdades. Pero ¿qué importa eso cuando la mentira supone una lectura mucho más interesante? ¿Cuando la omisión consciente de datos significativos genera más lectores?

Escena 101

La primera salida a escena

Los días van pasando y, de repente, Greta lleva dos semanas allí sentada.

Cada mañana va en su bici hasta el edificio del Parlamento y la ata a la barandilla de hierro que hay delante de Rosenbad.

Cada mañana se cruza con todos nosotros, los demás.

Los que estamos ocupados con otras cosas.

Los que vamos en nuestros coches escuchando nuestros programas de radio. Los que miramos los móviles en el metro.

Los que vamos en el autobús soñando con hallarnos lejos de allí.

Los que hablamos de la comida que hemos ingerido y del fútbol que hemos visto.

Los que limpiamos nuestras casas y apartamentos.

Los que limpiamos los cristales de nuestras ventanas, colocamos bien nuestros cojines y organizamos los libros de nuestras estanterías.

Los que partimos de la idea de que todas las cosas siguen más o menos como siempre.

Los del periódico *The Guardian* pasan por ahí y luego publican la primera entrevista extranjera importante. Algunos medios noruegos y daneses ya habían estado, pero esta entrevista se encuentra en otro nivel.

Greta cuenta su historia a cualquiera que muestre interés. Contesta a todas las preguntas y el resto del tiempo lo dedica a sus libros.

Como es natural, todos piensan que este inmenso y público viaje se inició el 20 de agosto de 2018 en los adoquines delante del Parlamento sueco.

Pero no es así.

Empezó mucho antes.

Leo una entrada en Facebook. Ha recibido más de once mil «Me gusta» y en cientos de comentarios la aclaman. Greta infunde esperanza en la gente y todo el mundo parece acoger bien sus palabras y pensamientos. El post no es nuevo. Y no tiene nada que ver con su huelga escolar.

Se redactó la mañana del 9 de noviembre de 2016 y nunca se ha editado.

Esa mañana Estocolmo despertó cubierta por más de medio metro de nieve recién caída, y algunas horas antes Svante había bajado del sofá para buscar amparo en el suelo porque le pareció que «un viento gélido había barrido el piso» cuando el barómetro electoral de repente pasó de darle ventaja a Hillary Clinton a concedérsela a Donald Trump.

Antes de que amaneciera esa noche, Estados Unidos tenía un nuevo presidente. Se llamaba Donald Trump.

Yo escribí:

> Muchas personas sienten un gran temor esta madrugada. Yo soy una de ellas. Pero no debemos ceder ante el miedo. Tenemos que mantenernos unidos. La derecha y la izquierda. Por encima de los bloques políticos. Tenemos que poner en marcha un contramovimiento, aquí y ahora. Tenemos que organizarnos contra la oscuridad y el odio que han surgido en esas brechas cada vez más grandes que hay en el mundo. Sin embargo, nunca podremos enfrentarnos al odio, al racismo y al acoso con el mismo odio y el mismo acoso. Jamás podremos bajar a su nivel y odiar. En su lugar debemos empezar a reducir las brechas. Tenemos que permanecer unidos, juntos por el humanismo y por la igualdad todos los seres humanos. «When they go low. We go high.»

Ahora no es el momento de lamentarse o de tener miedo.

Ahora es el momento de organizarnos.

P. D.: A mi hija mayor le apasiona el tema del clima. Sabe mucho más que nadie del asunto. Ella siempre ha dicho: «Cuando la situación del clima se halla en un momento tan crítico como el de ahora, puede que la única salvación que exista es que Donald Trump gane las elecciones, porque tal vez entonces la gente entienda por fin hasta qué punto la cuestión climática está en un momento crítico. Cuando un negacionista del clima y un loco como Trump gane y se convierta en el hombre más poderoso del planeta, entonces quizá la gente por fin despierte y eso les impacte lo suficiente para poner en marcha ese enorme contramovimiento que es necesario para poder cambiar a tiempo». Hoy sus palabras resultan tan tremendamente esperanzadoras y valiosas... Dentro de poco subiré a despertarla. Con toda la esperanza que tengo. Es hora de que empecemos a luchar. Por ella y por todos nuestros hijos.

Esa mañana Greta se despertó con una sonrisa en los labios. Se frotó los ojos y alzó la vista al póster que cuelga encima de su cama con la tabla periódica de los elementos. Sin embargo, antes de ponerse a recitar el nombre de los elementos, como hace siempre en cuanto se despierta, me dijo:

—Es terrible, claro. Pero es la única manera. Con Clinton u Obama todo habría continuado como antes. Trump es el despertador.

Pienso que debo compartir esa entrada de nuevo ahora, durante la huelga escolar, pero enseguida cambio de idea.

Cada cosa a su tiempo, me digo.

Déjales que sigan vomitando su maldito odio ahora y así todo el mundo verá qué tipo de gente son.

Nosotros, los que somos de la familia, ya lo sabemos desde hace mucho tiempo.

Recibimos amenazas de muerte en las redes sociales, excrementos en el correo y los servicios sociales nos informan de que han registrado muchísimas denuncias dirigidas contra nosotros en nuestra calidad de padres de Greta, aunque al mismo tiempo comunican que «NO tienen previsto emprender ninguna medida». Creemos que las mayúsculas son un pequeño mensaje cariñoso de parte de algún funcionario anónimo del distrito municipal de Kungsholmen. Y eso anima.

Pero no soy capaz de defenderme por completo del odio. No puedo pasarlo por alto. Porque de alguna manera empiezo a comprender que me quitarán a mis hijas. Que Greta tal vez no puede quedarse con nosotros.

Hacerse oír acarrea odio.

Hacerse ver acarrea odio.

Todo acarrea una cantidad terrible de odio.

El odio no conoce límites.

Y los haters jamás dejarán de odiar.

Escena 102

Pasos atrás

Cada vez son más personas las que acompañan a Greta delante del Parlamento. Niños y adultos (profesores, pensionistas).

El fotógrafo Anders Hellberg acude a diario. Hace fotos y las sube a la red para que todo el mundo pueda usarlas. No quiere que nadie le pague un céntimo.

—Quien quiera puede utilizarlas. Esa es mi manera de intentar ayudar.

Un día llega una clase entera de niños de primaria con el propósito de hablar con ella, y Greta tiene que marcharse unos momentos.

Le entra un poco de pánico.

Se aparta y se echa a llorar.

No puede remediarlo.

Pero al cabo de un rato se calma y vuelve a saludarlos.

Después explica que a veces le resulta difícil relacionarse con niños porque tiene malas experiencias.

—Nunca he conocido a niños que no hayan sido malos. Y estuviera donde estuviera siempre me han acosado por ser diferente.

Es duro estar sentada delante del Parlamento siete horas al día durante tres semanas.

Mucha gente se aproxima para hablar.

En general es gente simpática que quiere mostrar su apoyo y contar que han escuchado lo que Greta ha dicho. Varias veces al día se le acercan personas que le dicen que han decidido dejar de volar, que han aparcado el coche o que se han vuelto veganos gracias a ella.

Influir en tanta gente en tan poco tiempo resulta positivamente abrumador.

Aunque, claro, también hay muchos que se muestran críticos.

Muchos quieren discutir.

—¿Qué es lo más duro? —pregunto.

Es domingo, estamos libres de compromisos y nos hemos sentado en el suelo del salón.

—Muchas cosas diferentes —contesta Greta—. Los que dicen que hay demasiada población en el mundo, por ejemplo; en parte porque si somos demasiados tenemos que deshacernos de algunos, pues no hay otra solución. Y entonces se supone que o somos los niños o son los adultos en los países en vías desarrollo los que constituyen el problema, ya que a menudo dicen que no deberíamos tener más niños o cosas como: «Es que son tantos en la India, en África y China...». Pero la verdad es que la gran mayoría de la gente no vive por encima de sus posibilidades. Eso lo hace la gente como nosotros aquí, en Suecia. Somos nosotros, que vivimos como si tuviéramos cuatro planetas, los que pensamos que somos demasiados. Y si todo el mundo viviera como nosotros, el objetivo de los dos grados se habría ido al traste hace ya mucho. Entonces, no existiría ningún tipo de futuro.

Greta está sentada en la alfombra con Moses a su lado. Este duerme tendido en la alfombra roja que compramos en una subasta en internet hace ya casi diez años; por mucha suciedad y pelos de animales que acumule, siempre parece limpia y bonita.

—Luego están los que quieren hablar de la energía nuclear —continúa—. Nunca hablan de otra cosa. Como si no existiera ninguna crisis climática ni ecológica. Solo quieren hablar de ese tema. No conocen ningún dato. Ni siquiera han oído hablar de las cosas más básicas. Solo dicen: ¿y qué piensas de la energía nuclear? Y después sonríen como si ellos solos, sin ayuda de nadie, hubiesen solucionado todos los futuros problemas del mundo. Aunque lo que resulta aterrador es que los políticos hacen lo mismo. Porque ellos ya saben que la energía nuclear no es una solución. Y aun así repiten lo mismo.

—¿Y qué dicen al respecto los investigadores? —pregunto.

—El IPCC dice que la energía nuclear puede ser una pequeña parte de una solución global —contesta Svante—. Pero también que la cuestión energética solo puede solucionarse con energías renovables. Total, que los investigadores no deben adoptar una postura política. En estos casos se limitan a hablar de lo que es posible físicamente. En general, la investigación del clima no tiene en cuenta ni la política ni las condiciones prácticas. El hecho de que, por ejemplo, se tarde de diez a quince años en construir un reactor nuclear (y que necesitaríamos miles de plantas ya terminadas mañana mismo) no es un asunto sobre el que tengan que reflexionar forzosamente.

Roxy baja de un salto a la alfombra para situarse al lado de Greta y Moses. Se limpia sus patitas a lametones y se tiende en el suelo como un reflejo de Moses. Al cabo de dos segundos se queda dormida.

—De acuerdo, necesitamos mucha energía nueva y libre de fósiles. Y la necesitamos ya —dice Greta—. Entonces lo que tenemos que hacer es elegir la mejor opción, la más barata y rápida. ¿Por qué apostar por algo que se tarda diez años en construir cuando hay viento y sol que ya podrían aprovecharse en pocos meses? ¿Por qué apostar por algo que es tan caro que ninguna empresa quiere invertir en ello cuando el viento y el sol son mucho más baratos, y además su precio va bajando cada minuto que pasa? ¿Por qué apostar por algo que es peligrosísimo cuando existen alternativas que son del todo inofensivas? Ni siquiera hemos resuelto el problema del almacenamiento definitivo de los residuos radiactivos ya existentes. Y si tuviéramos que sustituir toda la energía fósil con energía nuclear, necesitaríamos tener terminado algo así como un reactor al día, empezando hoy mismo. Solo formar a ingenieros para construirlos llevaría décadas. Así que la energía nuclear es una alternativa imposible. Todo el mundo lo sabe, de modo que ¿por qué siguen hablando del tema? —repite—. Eso me asusta de verdad. Porque significa que los políticos o bien son tan estúpidos que no lo entienden, o bien solo quieren dejar que pase el tiempo. Y no sé cuál de las dos cosas es peor.

—Yo creo que la cuestión de la energía nuclear tiene un enorme valor simbólico para mucha gente —dice Svante, que se ha sentado en uno de los taburetes en torno a la isla de cocina que ocupa una pequeña parte del salón—. Si uno no quiere hablar del clima siempre puede recurrir a la energía nuclear, porque entonces sabe que la conversación no se desviará de ese tema. La energía nuclear es el mejor amigo de los retardadores climáticos. Lo sé porque yo antes era igual. A mí me parecía una buena solución seguir usando energía nuclear y creía que todos esos activistas medioambientales que solo querían eliminarla tenían un rollo muy aburrido y retrógrado. Me parece que tiene que ver con el futuro y el optimismo. Quería creer que el ser humano podía con todo. Que habíamos encontrado soluciones para todo. Porque si lo habíamos hecho, entonces no hacía falta que cambiáramos. Y no hacía falta cambiar el orden mundial vigente que me permitía viajar casi cuando me daba la gana a cualquier lugar. Y si era así, entonces podía comprar ese Range Rover con el que soñaba en silencio. Y comer lo que me daba la gana, porque el ser humano había conseguido domar a la naturaleza y no había que cambiar nada. Como mucho introducir un poco más de orden. —Svante se rasca la cabeza, endereza la espalda y gira el taburete ciento ochenta grados antes de continuar—: Creo que debemos evitar a toda costa hablar de la energía nuclear. Porque mientras no se hable de soluciones globales no tiene el menor interés. Hace cinco o diez años a lo mejor era diferente. Entonces todavía existía la posibilidad de que una ampliación de la energía nuclear fuera parte de la solución. Pero la crisis de hoy es diferente a la que había hace tan solo dos o tres años.

—¿Por qué los políticos están en contra del viento y del sol? —pregunto—. ¿Porque es barato? ¿Demasiado fácil? ¿Porque así todo el mundo puede generar su propia energía y los países pueden ser independientes de verdad?

Roxy se despierta. Se levanta y olisquea en torno a Moses y Greta antes de volver a acostarse, esta vez con la cabeza apoyada en las patas traseras de Moses.

Permanecemos un rato en silencio. Debajo del tórax se ve cómo late el pequeño corazón del labrador. Greta acaricia el pelaje negro de la perra y dice:

—Pero lo peor de todo son esos que se acercan para vender algo. Esos que dicen: «Hola, tengo una empresa y me preguntaba si querrías colaborar con nosotros». O los que quieren invitarme a diferentes congresos o los que quieren hacer un libro, un documental o cualquier otra cosa. O sea, los que quieren aprovecharse de la ocasión. Los que hacemos huelga decimos que todo el mundo debe retroceder unos pasos porque es la única manera de salvar el clima, pero nos encontramos con todos los que quieren avanzar. Todos los que quieren aprovechar la oportunidad. Los que quieren apostar por ellos y convertirse en quienes no son.

Siete mil millones de personas que quieren realizarse, pienso. Pero no es así, claro.

Se trata solo de una pequeña minoría que vive al margen de los límites planetarios de lo que es sostenible.

El problema es que nosotros pertenecemos a esa minoría.

El problema es que a nosotros, que ya tenemos lo suficiente de todo, nos animan sin cesar a ser peores.

Compra más.

Viaja más.

Come más.

Haz más cosas.

A veces Svante y yo pensamos en cómo era todo antes.

¿Cómo era posible que no viéramos lo que vemos hoy con tanta claridad?

¿Y cómo habrían sido nuestras vidas si no hubieran estado nuestras hijas?

De no haber estado ellas, ¿habríamos continuado como siempre durante los últimos tres o cuatro años?

¿Cómo habría sido nuestro día a día si no hubiéramos admitido nuestros fracasos en ese momento en que nuestros argumentos se acabaron?

Espero que hubiéramos actuado de todos modos. Que hubiéramos cambiado nuestras vidas.

Aunque lo dudo.

A veces pensamos en cómo habríamos reaccionado si de repente nos hubiéramos topado con una niña de quince años sentada delante del Parlamento sueco que estaba «en huelga escolar por el clima».

¿Habríamos optado por no escucharla?

¿Habríamos cerrado los ojos?

¿Habríamos optado por creer en alguna de todas esas teorías conspirativas porque parece claro que algo raro está pasando?

¿Le habríamos echado la culpa a China?

¿Nos habría molestado esa niña que hacía huelga?

¿Hasta la habríamos odiado?

¿Habríamos elegido mirar hacia otro lado para seguir como antes?

Seamos sinceros, ¿habríamos retrocedido unos cuantos pasos de manera voluntaria?

Escena 103

Ensayo general

El fenómeno sigue creciendo. Más rápido cada hora que pasa. Al acercarse el final de la huelga, un equipo de televisión de la BBC, de la ARD de Alemania y de la TV2 de Dinamarca siguen a Greta.

Yo tengo ensayo general por las tardes. Queda poco para el estreno del musical *Tierra de ángeles* y las jornadas laborales en el teatro son largas. Cuando llego a casa, Greta ya está durmiendo y por las mañanas, cuando ella se va, la que duerme soy yo. No oigo a los periodistas de los equipos de televisión que deambulan por nuestra casa grabando las rutinas matinales de Greta.

El último viernes antes de las elecciones, se hacen huelgas en más de cien lugares en Suecia. En Alemania, en Finlandia y en Gran Bretaña también unas pocas personas se unen a la reivindicación. En los Países Bajos un centenar de niños hacen huelga delante del Parlamento en La Haya. Y en Noruega son miles.

Resulta vertiginoso.

Janine O'Keeffe es una de las activistas que se ha unido a la huelga e intenta organizarlo todo. Es de Australia y tiene una red con otros activistas a los que conoce desde hace mucho tiempo. Los de Fältbiologerna [Biólogos de Campo] y Greenpeace también echan una mano. Y muchos otros: Klimatsverige [La Suecia del Clima], Naturskyddsföreningen [Asociación Sueca de Protección de la Naturaleza], We Don't Have Time, Stormvarning [Aviso de Tempestad], Föräldravrålet [El Grito Paternal] y Artister för miljön [Artistas por el Medio Ambiente].

Todos los que de algún modo luchan por el medio ambiente y el clima ayudan a su manera.

Todo lo que pueden.

En total llegan unos mil niños y adultos para acompañar a Greta en el último día de huelga. Y medios de comunicación de varios países informan en directo desde la plaza Mynttorget.

Lo ha logrado.

Greta ha conseguido lo que se propuso.

Ha hecho huelga delante del Parlamento sueco durante tres semanas.

Se ha asegurado de que el tema del clima haya obtenido un poco más de atención.

Y también mucho más.

Varias personas aseguran que ha hecho más por el clima que lo que los políticos y los medios durante años.

Pero Greta no está de acuerdo.

—Nada ha cambiado —dice—. Las emisiones siguen aumentando y no hay ningún cambio a la vista.

A las tres, Svante acude a buscarla y juntos pasean por los arcos de la Riksgatan hasta las bicis, que están aparcadas delante de Rosenbad.

—¿Estás contenta? —pregunta Svante.

Greta permanece callada.

Repite la pregunta, pero ella no responde.

Les quitan los candados a las bicis y se disponen a subirse en ellas para marcharse a casa.

—No —dice Greta con la mirada fija en el puente hacia Gamla Stan—. Voy a seguir.

Escena 104

Fridays for Future

La mañana siguiente es el 8 de septiembre. Es el día anterior a las elecciones parlamentarias suecas, y Greta va a hablar con motivo de la People's Climate March en Estocolmo. Decenas de miles de personas de todo el mundo han llegado para participar en la marcha. Muchas han soñado con una manifestación tremendamente grande, una manifestación global, pero no está muy claro que haya tanto interés.

Muchas todavía tienen esperanza, pero a pesar de los incendios de este verano y del enorme aumento de fenómenos climatológicos extremos por todo el mundo, el movimiento climático y medioambiental internacional sigue sin despegar.

Greta va a hablar al final de la marcha, delante del Palacio Real. Eso está previsto desde hace mucho. Piensa leer un texto que ha redactado para el periódico *ETC*.

Pero ahora quiere pronunciar otro discurso más.

Al principio.

Antes de que empiecen a andar.

Svante pregunta si es una buena idea.

Greta solo ha pronunciado un discurso en su vida. Fue en la plaza Nytorget, delante de un restaurante donde algunos artistas, varios de nuestros amigos, habían acudido para «respaldar a Greta» con un concierto colectivo.

Antes, nunca había hablado delante de más gente de la que cabe en un aula del colegio y en las pocas ocasiones en que lo había hecho no daba desde luego la impresión de sentirse cómoda.

Todo lo contrario.

Pero es muy cabezota, y Svante acaba llamando a Ivan de Greenpeace, quien le dice que es complicado antes de la manifestación con tantas posiciones diferentes, pero que aun así tratará de solucionarlo «de alguna manera».

Hay mucha gente en el parque de Rålambshov. Casi dos mil personas se han apretujado en el escenario del Parkteatern, detrás de las colinas verdes hacia el puente Västerbron. Es el doble de participantes que suelen acudir a manifestaciones por el clima. Y hay más gente de camino.

El aire es suave.

El viento sopla en los árboles, las banderitas y las pancartas, y aunque todo el mundo sabe que esto no es ni de lejos lo que se exige para poner la cuestión climática en el centro del debate, se nota que algo ha cambiado en el ambiente.

No es la sensación habitual.

Da la impresión de que algo quizá podría suceder.

Pronto.

Tal vez sea la mezcla de gente lo que provoca esa sensación.

Aquí ya no solo están las caras conocidas. Los habituales. Los activistas. Los voluntarios de Greenpeace vestidos con trajes de oso polar.

Aquí hay de repente todo tipo de gente.

Gente que podría pertenecer a cualquier ámbito laboral. Y votar a cualquier partido político.

—Esta es mi primera manifestación —dice un hombre bien vestido que ronda los cuarenta.

—La mía también —dice a su lado una mujer riéndose.

El presentador anuncia a Greta y ella se acerca con pasos lentos pero decididos al centro del escenario de grava del anfiteatro. La acompañan tres de las chicas que han hecho huelga con ella en las últimas dos semanas: Edit, Mina y Morrigan.

El público grita entusiasmado.

Svante, en cambio, está aterrado. ¿Qué va a pasar ahora?

¿Hablará? ¿Se echará a llorar? ¿Saldrá corriendo?

Svante se siente un padre pésimo por no haberse negado tajantemente desde el principio. Todo esto empieza a resultar demasiado grande e irreal.

Pero Greta está muy tranquila.

Saca la hoja del discurso del bolsillo y la despliega antes de mirar hacia las gradas con forma de abanico. Deja pasear su mirada sobre el mar de gente.

Después agarra el micrófono y empieza a hablar.

—Hola, me llamo Greta —dice—. Ahora voy a hablar en inglés. Y quiero que saquéis vuestros móviles para grabar lo que digo. Luego lo podéis subir a vuestras redes sociales.

El público se ríe un poco sorprendido, saca los móviles y empieza a grabar. En unos pocos segundos casi todo el mundo dirige sus teléfonos hacia las cuatro adolescentes que están sobre el escenario.

—*My name is Greta Thunberg and I am fifteen years old. And this is Mina, Morrigan and Edit and we have school striked for the climate for the last three weeks. Yesterday was the last day. But...* —Hace una pausa—. *We will go on with the school strike. Every Friday, as from now, we will sit outside the Swedish parliament until Sweden is in line with the Paris Agreement.**

El público grita entusiasmado.

Muchos le han dicho a Greta que debe tener una lista de exigencias que entregar a los políticos. Un manifiesto o algo así.

* «Me llamo Greta Thunberg y tengo quince años. Y estas son Mina, Morrigan y Edit y hemos hecho una huelga escolar por el clima las últimas tres semanas. Ayer fue el último día. Pero seguiremos haciendo huelga. Cada viernes, a partir de ahora, nos sentaremos delante del Parlamento sueco hasta que Suecia cumpla con el Acuerdo de París.»

Pero Greta se niega a presentar unas exigencias determinadas.

«Si proponemos unas exigencias concretas, entonces todo el mundo pensará que con eso basta. Y no basta. Necesitamos cambios sistémicos y una manera completamente nueva de pensar. Lo que es necesario (lo que se lee entre líneas en todos los acuerdos e informes) es mucho más radical de lo que jamás pudiera contener ningún manifiesto —ha explicado una y otra vez—. Nuestra única oportunidad es ponernos en manos de los investigadores. Somos niños. Solo podemos remitirnos a lo que afirman los investigadores.»

El suave viento de finales de verano juega en las copas de los árboles, en lo alto, por encima del parque. Los vítores del público cesan y Greta puede continuar:

—*We urge all of you to do the same. Sit outside your parliament or local government, wherever you are, until your country is on a safe pathway to a below two degree warming target. Time is much shorter than we think. Failure means disaster.**

Greta sujeta el micrófono con la mano derecha y en la izquierda lleva el papel que está leyendo. Su voz es firme y no se detecta ni la más mínima señal de nerviosismo. Parece estar muy a gusto allí delante. Incluso sonríe de vez en cuando y Svante, sentado en las gradas, ya se ha calmado.

—*The changes required are enormous and we must all contribute in every part of our everyday life. Especially us in the rich countries where no nation is doing nearly enough. The grown-ups have failed us and since most of them, including the press and the politicians, keep ignoring the situation we must take action into our own hands. Starting today.*

* «Os instamos a que hagáis lo mismo. Sentaos delante de vuestro Parlamento o ayuntamiento, allí donde estéis, hasta que vuestro país vaya por el buen camino hacia el objetivo de menos de 2 °C. Tenemos mucho menos tiempo del que creéis. El fracaso significa el desastre.»

»*Everyone is welcome. Everyone is needed. Please join in. Thank you.**

El público se levanta. Grita y aplaude.

—Seguro que estás muy orgulloso —dice la mujer que se encuentra al lado de Svante, que lo ha reconocido como el padre de Greta.

—¿Orgulloso? —repite Svante, en voz muy alta para hacerse oír por encima de los gritos del público—. No, no estoy orgulloso, solo infinitamente feliz porque veo que Greta se encuentra bien.

Las ovaciones no paran. Greta se inclina hacia Edit y le susurra algo. Se miran y asienten con la cabeza.

Y Greta muestra la sonrisa más bonita que le he visto nunca.

Yo lo sigo todo por un streaming en directo en el teléfono, en el pasillo del Oscarsteater.

Mis lágrimas parecen no tener fin.

* «Los cambios que se requieren son enormes y todos debemos contribuir en todos los aspectos de nuestro día a día. Sobre todo nosotros, en los países ricos, donde ninguna nación está haciendo lo suficiente. Los adultos nos han fallado y como la mayoría de ellos, incluidos los medios de comunicación y los políticos, siguen ignorando la situación tenemos que pasar a la acción por nuestra cuenta. Empezando hoy.

»Todos sois bienvenidos. Todos sois necesarios. Por favor, uníos. Gracias.»

Escena 105
Esperanza

La cuestión es cómo queremos ser recordados.

Nosotros, los que vivimos durante la época de los incendios.

¿Qué dejaremos detrás?

Desde un punto de vista de sostenibilidad, hemos fracasado en todo hasta el momento.

Pero...

Todo eso podemos cambiarlo.

Además, muy rápido.

Todavía tenemos la posibilidad de arreglar las cosas, y no hay nada que los seres humanos no podamos hacer si ponemos voluntad.

La esperanza está por todas partes, pero esa esperanza exige algunas cosas.

Porque sin exigencias, la esperanza suena hueca; sin exigencias, la esperanza incluso se interpone en el camino del gran cambio que es necesario.

Mi esperanza reconoce nuestra buena voluntad y nuestra imperfección.

El camino hacia delante no se recorre con persecuciones o cazas de brujas, no contrapone una acción aislada a otra.

Mi esperanza exige una acción radical.

Mi esperanza no habla de lo que los demás vayan a hacer o de lo que vayamos a hacer dentro de diez años, porque dentro de diez años puede que ya sea demasiado tarde.

Mi esperanza está aquí y ahora, y estoy convencida de que el político que decida abogar por unos cambios radicales se llevará una grata sorpresa, si está dispuesto a intentar predicar con el ejemplo.

Los mayores líderes de la humanidad, esos que permanecen en el recuerdo, comparten una característica: eligieron en un momento dado anteponer nuestro futuro a nuestro presente.

Y ahora nuestro futuro está en manos de los medios de comunicación, y no podría haber estado en unas mejores.

Como es obvio, los medios de comunicación ya son conscientes de la responsabilidad que recae sobre sus hombros. Saben cuántas decisiones se han tomado en sus redacciones y cómo podrían corregirse. Saben que se juegan nuestra futura confianza en ellos.

Cada acción aislada es parte de un movimiento común que va creciendo y que cada día se hace más fuerte. En espera de los ejemplos que debemos seguir, de las redacciones de los informativos y de los políticos, tenemos que hacer todo lo posible.

Y todo lo imposible.

Tenemos que dejar de lado los mapas y lanzarnos a lo desconocido.

Tenemos que volver a escuchar todo lo que dejamos de escuchar.

Tenemos que ir por delante y al mismo tiempo mantener una generosa puerta abierta detrás de nosotros.

Todos son bienvenidos.

Necesitamos todo y a todos.

Escena 106

Empezar de nuevo desde el principio

Una noche, ya tarde, cuando el piso está a oscuras, mi teléfono emite un plin. Greta y Svante y los perros duermen desde hace mucho. Es Beata, que me manda un mensaje desde la planta de arriba.

«En esto encajo yo exactamente», escribe.

Beata me ha mandado el enlace de un vídeo de YouTube y una captura de pantalla de una web. «Misophonia», pone. Misofonía.

«Estaba buscando diagnósticos —dice Beata—. Y esto describe a la perfección lo que siento.»

Voy leyendo. Voy bajando en la página.

Leo un poco más. ¿Qué es esto? ¿Otro callejón sin salida? ¿Otra vía muerta creada por unos cínicos ávidos de beneficios a costa de gente enferma?

Pero no.

Al parecer la misofonía existe. Se han publicado artículos al respecto en *The New York Times*, el *Sydsvenska Dagbladet* y en un montón de periódicos y revistas más, y todo cuadra con Beata.

Absolutamente todo.

La misofonía es un síndrome que acarrea unas intensas molestias causadas por ciertos sonidos específicos. Sonidos cotidianos, como respiraciones, chasqueos con la lengua, susurros. O el ruido que hacen los cubiertos contra los platos.

Naturalmente, a todas las personas pueden molestarnos determinados ruidos. Sin embargo, en el caso de una persona con misofonía, esos ruidos, a los que llaman *triggers*, pueden provocar molestias tales que la incapaciten para desenvolverse en diferentes situaciones. La reacción más frecuente es el enfado y los ataques de rabia.

Beata nos ha explicado una y otra vez cómo, por ejemplo, de ningún modo puede concentrarse si oye a alguien susurrar.

«No se pueden controlar las propias reacciones. Cuando estás sentada al lado de alguien que se sorbe los mocos no puedes hacer nada. Solo enfadarte.»

La «misofonía» es un concepto nuevo, pero existe, con sus investigaciones pertinentes y todo.

Un estudio de la Universidad de Ámsterdam recomienda que sea incluida sin dilación entre las nuevas diagnosis, ya que las personas afectadas sufren una clara e innegable discapacidad que no logran controlar.

«La misofonía es una diversidad funcional devastadora para los afectados y sus familias, y aun así no conocemos sus mecanismos intrínsecos», se lee en un amplio estudio de investigación realizado en la Universidad de Newcastle en 2017.

Está relacionada con el TDAH y el espectro autista. Y también con el estrés.

Y aun así, yo nunca había oído hablar de ella. A pesar de los miles de páginas que he leído. A pesar de todas las reuniones y de todas las entrevistas.

«La toma de conciencia acerca de la misofonía recuerda a cómo solía verse el TDAH hace un par de décadas», escribe un psicólogo y escritor estadounidense.

Hay ayudas, adaptarse es posible.

Pero todavía no existen mapas para orientarse. Todo es un territorio sin explorar.

Y así volvemos a empezar desde el principio. De nuevo.

Escena 107

Válvulas de seguridad

Hay tantas cosas que no sabemos... Muchos dicen que ya hemos comprendido la importancia que tiene la crisis climática y de sostenibilidad. Dicen que estamos reprimiendo ese conocimiento.

Pero se equivocan.

Nuestra ignorancia es mucho mayor de lo que creemos.

No sabemos.

No comprendemos.

Décadas de conocimientos vitales no nos han llegado.

Una mayoría decisiva de la población mundial no tiene ni la menor idea de lo que de verdad implica la crisis climática.

Y justo ahí, en esa conciencia, reside toda la esperanza que necesitamos.

Porque ¿y si lo hubiéramos sabido?

¿Y si hubiéramos hecho todo lo que hemos hecho por maldad, de forma completamente consciente...?

¿Y si continuáramos haciendo lo que estamos haciendo, a pesar de nuestra plena comprensión de las consecuencias de la catástrofe ecológica que dejamos tras nosotros?

¿Como si el ser humano fuera voluntariamente malvado?

Parece impensable.

¿Y si el umbral de dolor de la humanidad hubiese sido un poco más alto?

¿Y si hubiéramos podido continuar viviendo como hasta ahora sin que tantos de nosotros, debido a nuestro acelerado ritmo de vida, hubiéramos empezado a sentirnos mal y a derrumbarnos?

Entonces habría sido demasiado tarde.

Entonces todas las injusticias sociales, toda la represión, todos los trastornos psíquicos y los síndromes de estrés y agotamiento habrían sido en vano.

Pero no es así.

Hay un montón de válvulas de seguridad, y esta es una de ellas.

Dice que todavía hay tiempo.

Dice que existe un sistema político que nos ofrece la posibilidad de reparar lo que está roto y de crear algo justo, nuevo y mejor. Dice que existe una herramienta y que esta se llama «educación».

La crisis climática es un síntoma entre otros muchos de un mundo insostenible.

Un síntoma grave.

La crisis de sostenibilidad es al mismo tiempo una elección.

Una posibilidad de arreglarlo todo.

Y en eso reside nuestra esperanza.

Escena 108

Es hora de subir al escenario

Yo creo que la vida es algo real. Y que tenemos que replantearnos muchas cosas.

De todas las personas que han habitado este planeta, el 7 por ciento viven hoy.

Somos nosotros.

Estamos unidos. Somos parte de un todo que se remonta en el tiempo, pero también apunta hacia delante, y nos incumbe a nosotros, a ese 7 por ciento, asegurar el futuro de todos.

Es nuestra misión histórica y nos necesitamos unos a otros.

Más que nunca.

Necesitamos la tecnología. Necesitamos la agricultura y la silvicultura sostenibles. Necesitamos a las empresas, a los economistas, a los políticos, a los periodistas y a los investigadores, y necesitamos nuestra fantástica capacidad de adaptación y cambio.

Pero más que ninguna otra cosa necesitamos reconocer la buena voluntad del otro.

Ya hemos resuelto la crisis climática. Sabemos justo lo que debemos hacer.

Lo único que queda es decidirnos.

¿Economía o ecología?

Tenemos que elegir.

Al menos hasta que nos hayamos puesto a salvo.

Es absurdo que nuestros desafíos existenciales todavía se reduzcan a la política partidista. Debe darse por hecho que es necesario salvaguardar los recursos limitados que hagan posible una vida futura. Al igual que parece claro que el camino para ir hacia delante a veces requiere retroceder unos pasos.

De la misma manera que la igualdad entre los seres humanos debería ser tan evidente como los partidos políticos afirman que es.

Pero no lo es.

Todo lo contrario.

Y justo por eso no hay ninguna otra cuestión que sea más política que esta.

Van de la mano.

Son lo mismo.

Porque cuando el dióxido de carbono emitido por una sociedad eternamente machista llegue a nuestra atmósfera exterior y, literalmente, choque contra el techo, cuando la regla de que todo tiene que ser más grande, más rápido y en mayor cantidad se contraponga a nuestra supervivencia común, entonces un nuevo mundo estará esperándonos, y ese mundo nunca ha estado tan cerca como ahora.

O tan lejos.

Un mundo moderado.

Un mundo en el que una niña pequeña equipada con una cuenta de Instagram y la foto de un oso polar pueda ser una defensora igual de eficaz de nuestra seguridad común que todos los ejércitos del mundo juntos.

Nuestras limitaciones van apareciendo poco a poco. Lo infinito recupera sus contornos. Todo no es posible, y eso está bien. Porque en la moderación se encuentra una libertad diferente, más amplia.

¿Es la lucha medioambiental el movimiento feminista más grande del mundo? No porque excluya a los hombres, sino porque desafía las estructuras y los valores que han provocado la crisis en que nos encontramos.

La Madre Tierra está preparada entre bastidores.
En cualquier momento se alzará el telón.
Tenemos que empezar a hablar de cómo nos encontramos.
Porque ahora es cosa nuestra.
Somos nosotros contra la oscuridad.
De boca en boca, de ciudad en ciudad, de país en país.
Organizaos.
Actuad.
Cread círculos en el agua.
Es hora de subir al escenario.

Agradecimientos

Gracias por la ayuda, la energía y la inspiración a:

Anita y Janne von Berens, Anna Melin, Camilla Berntsdotter Lindblom, Hanna Askered y Lära med Djur [Aprende con Animales], Björn Meder, Jiang Millington y Barn i Behov [Niños con Necesidades], Pär Holmgren, Nils Erik Svedlund y el Centro de Trastornos Alimentarios de Estocolmo, Svenny Kopp, Kevin Anderson, Isak Stoddard, el personal del Servicio de Psiquiatría Infantil y Juvenil de Kungsholmen, Magdalena Mattson, Kerstin Avemo, Fredrik Kempe, Lina Martinsson, Helen Sjöholm y David Granditsky, Jenny Stiernstedt, Hundar Utan Hem [Perros sin Casa], Leif Blixten Henriksson, Pernilla Thagaard, Stefan Sundström, Mårten Aglander, Jonas Gardell y Mark Levengood, Mina Dennert, Mats Bergström, Janne Bengtsson, Petronella Nettermalm, Sten Collander, Ola Ilstedt, Stina Wollter, Anders Wijkman, Özz Nûjen, Fredrik Marcus, Karin af Klintberg, Johan Ehrenberg, Alexandra Pascalidou, Staffan Lindberg, Björn Ferry, Heidi Andersson, Maja Hellsing, Jeanette Andersson, Mattias Goldman, Helle Klein, Nisse Landgren, Vicky von der Lancken, Kent Wisti, Anna Takanen, Cecilia Ekebjär, Rosanna Endre y Greenpeace Suecia, el personal de Oatly Suecia, Martin Hedberg, Malin Tärnström, Hanna Friman, Christoffer Hörnell, Susanna Jankovic, Tomas Törnkvist, Frida Boisen, Carl Schlyter, Rebecka Le Moine, Svenska Stråkensemblen, Oskar Johansson, Anders Amrén, Peter Edding, Helena Lex Norling, Djurens Rätt [El Derecho de los Animales], Vi Står Inte Ut [No Aguantamos], WWF Suecia, Naturskyddsföreningen [Asociación sueca de Protección de la Naturaleza] y nuestras familias.

Un agradecimiento especial a Jonas Axelsson, Annie Murphy y a todo el equipo de la editorial Polaris.

Así como, naturalmente, a Elias Våhlund y Tom Goren, y a Sirkka Persson y al personal del colegio Kringlaskolan en Södertälje.

Este libro acabó
de imprimirse en
Barcelona en
noviembre de 2019

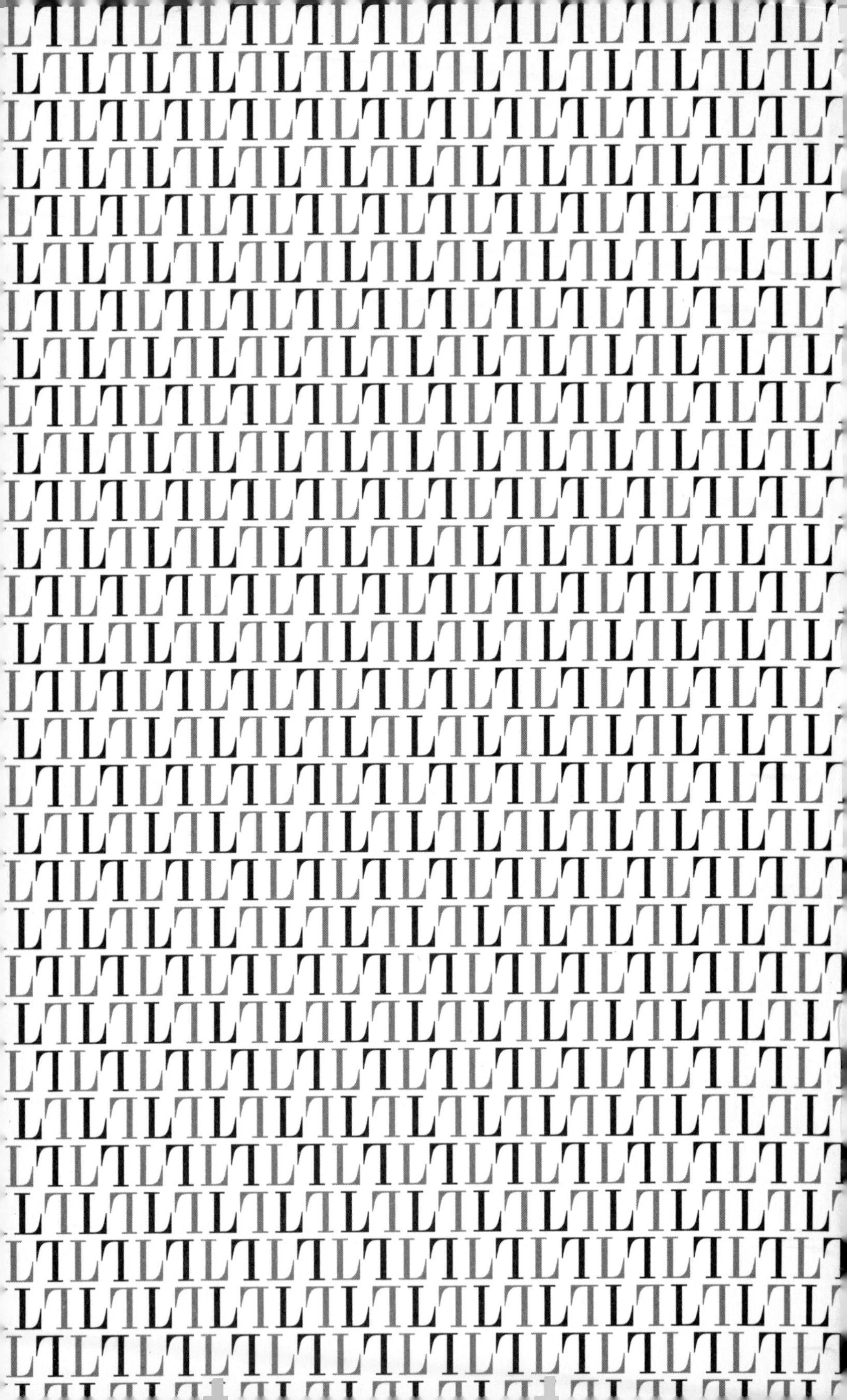